U0383598

未读 A三DR | 探索家

可爱的物理

日常用具原理之美

〔日〕田中幸

〔日〕结城千代子 著

〔日〕大塚文香 绘

马文赫 译

 海峡出版发行集团 | 海峡书局

THE STRAITS PUBLISHING & DISTRIBUTING GROUP

前言

想必大家每天都在使用这本书里提到的工具，但是几乎没有人意识到其中潜藏的物理知识。

拥有绝对音感的人会说"听到的所有声音都是音阶"，这和从事与物理相关工作的人也有相似之处。不了解我们背景的人听到后可能会大吃一惊，而从事其他行业的家人或熟人又会吐槽说"哎呀，又来了"，所以我很少把这些说出口。在日常生活中，我们会不自觉地开始思考，如"这是惯性定律""已经超过了弹性极限"之类的问题。对我们来说，物理是工作、是兴趣，也是一种思考问题的工具。

我的父亲以前是名木工，他会制作各种各样的东西，但主要收入来源是制作炉灶用的木锅盖。到了 20 世纪五六十年代，在煤气和电饭锅出现后，父亲很快就放弃了这一家业。我上小学时，他成为一名上班族。尽管如此，周日他还是会打开工具箱，打磨凿子和刨子，从不懈怠。有时他会用心地制作洋娃娃箱、菜刀或刀鞘（父亲做的刀鞘，形状和刀完美匹配，极具美感）等家里需要的东西，还给他的孙子辈（我的孩子们）制作了与学校书桌相匹配的抽屉。

因此，一提到工具，我就会想起父亲的工具

箱，想起我屏息凝视父亲做木工活儿的时光。意识到"符合原理的东西就是美的"，或许就是我从父亲那里继承下来的财产。长大后，我学习了解释事物的基本原理，被它的理性之美迷住。就这样，我带着与父亲的回忆走上了物理之路，并用满腔热情写下了这本书。

顺便一提，另一位作者的想法在后记中。

一本书有两位作者的情况似乎很少见，因此，经常有人问我们是不是分工写作，其实都是两个人一起写的。首先由其中一方粗略地写好初稿，之后两人就像投接球一样互相交换修改，最后完成终稿。我们俩是大学同学，一直都在创作与物理相关的书。我们还开展了名为"和妈妈一起学科学"的活动。而作为活动的一环，每月发行的杂志《不可思议新闻》也已经超过200期，因"新冠"疫情而中断的"科学游戏"项目目前也已重启。

在之前的作品 Wonder·Laboratory 系列中，我在前言中写道："希望读者可以像欣赏音乐和绘画一样欣赏物理。"现在看来，这个目标似乎已经达成。在本书中，我们想给大家讲讲，那些经历了漫长的岁月且凝聚了人类智慧的工具如何完美地符合物理学的原理。

　　一直以来，我们写书的目的就是希望读者能像我们一样，以更轻松、更潇洒的姿态享受"物理"这门学科，而本书可以说是体现我们这一理念的集大成之作。

　　本书由"流动工具""刺入工具""切割工具""保持工具""运输工具"5个章节组成。每一章分别介绍5种工具，总共介绍了25种工具与物理之间的关系。我们先定下各个章节的标题，再根据标题选择合适的工具，所以有很多让人意想不到的工具，比如"切割工具"这一章中出现了"沥水篮"。

　　在这次写作中，为了将我们这些"与物理相关的从业者"无意识地认为理所当然的事情（如"重量"和"质量"的区别等）一一挖掘出来，然后用那些对物理不感兴趣的人也能理解的方式重新解读，我们着实费了一番心力。这种苦思冥想的过程，回过头再看也是一段幸福的时光，比如"离心力"其实并不是实际存在的力，而是一种假想的力，对于"由于离心力的作用……"这样随处可见的表达，我们作为物理工作者不能熟视无睹，于是啰啰唆唆地进行了说明,还请大家见谅。

　　本书中介绍的所有工具、物理理论都有一个共同点,就是"符合原理的东西就是美丽的"。下面就让我们带领大家走进由物理编织出来的美丽世界吧!

田中幸

目录

流动工具

如果在太空中弄洒了葡萄酒，你觉得会发生什么？

在美国国家航空航天局（NASA）发布的一部实验影片中，我们可以看到被打翻的葡萄酒变成一个圆球在空中飘浮的样子。在地球上，由于地心引力的作用，葡萄酒会向下滴落。如果酒落到桌子上，就会水平扩散开。

水等液体、风等气体和沙子等颗粒，被统称为"流体"，没有固定的形状。流动工具就是为了使这些流体按照我们期望的方式进行运动的智慧结晶。接下来，我们来看看那些可以使流体顺畅流动的工具。

勺子 | 带圆弧形的秘密

很久以前，口渴的人们会拢起手掌，捧起泉水，一口气送到嘴边。

我想，这也许就是勺子诞生的缘起。勺子的形状很像手掌拢起时，手和手腕连在一起的剪影。勺子是从什么时候开始变成现在这样的形状的呢？

柔和的勺子的形状

梳理勺子的历史时，我们发现它一开始并不是专门用来吃饭的工具。在古埃及遗迹，人们发现了手柄上刻有少女人像、被称为"化妆勺"的勺子，但没有发现它被用来化妆的证据，因此，目前人们普遍认为它的主要用途是辟邪。当时还有一种被称为"钵"的勺子，勺头有的呈方形，有的是非常细长的椭圆形。餐桌上摆放勺子是中世纪的人们开始意识到餐桌礼仪之后。银汤匙在富裕阶层中普及后，成为财富的象征，且上面往往装饰着华丽的图案。据说，平民开始使用勺子大概是在十七八世纪。

人们开始把勺子用作吃饭工具后，勺子的形状基本定型，无论从上面看还是从侧面看，都是很光滑的"椭圆形"或"鸡蛋形"。理由显而易见，这样可以更轻松地舀起汤水等食物，也更容易将其顺

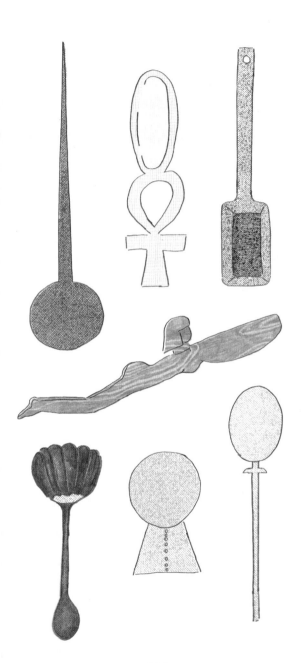

利送入口中。那么，为什么圆形勺子比方形勺子更容易将食物送入口中呢？

圆形勺子和方形勺子，哪种更容易入口

让我们试着把勺头的形状简化为"圆形"和"方形"，然后再来比较，看看分别用这两种形状的勺子喝汤，它们和嘴唇的接触点有什么不同。

请看下图。为了表现得更直观，这里用直线来表示嘴唇。

圆形勺子与嘴唇的接触点只有 1 个，所以汤

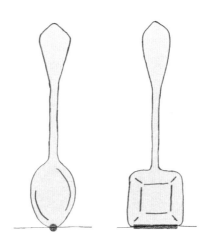

勺头与最初接触点的差别

会集中于一处迅速流入口中。由于圆是没有直线的图形，所以与其他直线接触时，总是只有一个最初的接触点。

另一方面，方形勺子是勺头的一边与嘴唇相接，汤会从很大范围内流出。与圆形勺头相比，可以预想到汤很容易就从嘴角溢出。虽然嘴唇并非一条直线，但实际情况也不会相差太多。

这样的话，"不从一边，只从一角喝不就行了？"也许有人会这么想。确实，从一个角喝汤，勺头和嘴唇就只有一个接触点。真是一针见血的见解。但试一下后就会发现，这样并不方便。

喜欢喝酒的人大概都知道枡[1]。将枡的一角对着嘴的时候，明明是端着枡慢慢倾倒的，里面的酒却一下子猛地流向嘴角，差点洒出来。当然，这也和枡的深度有关。不过，如果从一角开始喝，水流确实容易变急。我们从三维的角度想一下，就能明白其中的原因。

---

[1] 木制四方形的日本传统酒具。——译者注(本书脚注均为译者注)

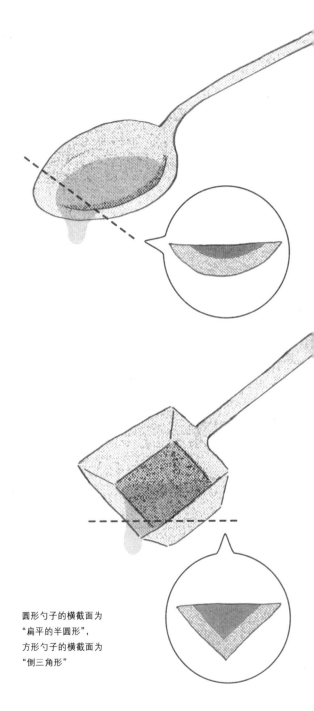

圆形勺子的横截面为
"扁平的半圆形"，
方形勺子的横截面为
"倒三角形"

底部的形状会形成"势"

请看左页图，是从正上方切开勺子的剖面图。蓝色和红色都代表勺子舀的汤。其中不与勺子表面接触（不受勺子摩擦影响）的部分被涂成了红色。这样一对比，我们就会发现上、下红色部分的面积有很大不同。这种差异造成了食物流入口腔时"势"的差异。

请想象一下河水的流动*。河流的上游就像左页下图中的那样，横截面呈"倒三角形"，水流较快。而越到下游，河底被冲刷得越平缓，河流的横截面就会变得像左页上图中的那样，越来越接近"扁平的半圆形"，水流变得缓慢。因为越往下游，河水与河底接触的面积就越大，摩擦会使水势减弱，变得平稳。

勺子上也出现了同样的现象。圆形勺头的横截面是"扁平的半圆形"，就像河流的下游一样，底部很浅，且各处与勺子表面的距离都差不多。因此，勺子里的液体均等地受到摩擦的影响，总体上以同样的速度缓慢流动。*

而方形勺子的横截面是"倒三角形"，倾斜时，液体会从形成角的两个斜面滑落，聚集到一起，让一处的液体量一下子增加了。特别是中间的液体，因为和勺子表面没有接触，几乎不受摩擦的影响。因此，当你倾斜方形勺子时，水流就会比预想中更猛。

如果拿着方形勺子往嘴里倒，热汤一下子涌进嘴里，你很可能会被烫伤……这样想象一下就明白了吧。果然，勺子的勺头必须是无论从上面看还是从侧面看都是光滑的"圆"才行！

即使是勺子这样朴素的工具，也是在漫长的历史中，在使用的过程中不断完善，才演化成现在的形状，想到这里让人不由得感慨万千。

（注*）"流水的运动"：往地上挖的箱庭（亦称沙盘）里倒水，观察被水流冲走的泥沙的样子和水流的速度。水流较快的上游，河底横截面呈三角形；水流较平缓的下游，河底横截面呈半圆形。

（注*）用勺子舀起水来再倒掉，水就会"哗啦啦"地流走。这种"哗啦啦"地流动的水其实有黏性。温度越高，水的黏度就越小。假设20摄氏度的水黏度为1，则35摄氏度时水的黏度为0.7，55摄氏度时水的黏度为0.57，100摄氏度时水的黏度为0.3。随着人的年龄增长，很多东西都会变得难以下咽，服用药物的时候最好不要用冷水，而是用温水，就是这个原因。试着通过喝冰水和温水来比较一下。冷水虽然很清爽，但会有粘在喉咙上的感觉。

专栏 | COLUMN

扁平的冰激凌勺

勺子由勺头和勺柄组成。因为有勺柄，所以即使是很烫的食物，也可以放心用勺子去舀。但与现代普使用的不锈钢勺相比，铝制勺和银制勺的勺柄似乎更

这是因为铝和银比不锈钢更易导热。这种现象叫作"热传导"（热的传递方式→P196页）。所谓"就是将热从温度高的地方传向温度低的地方。一金属都比较容易导热（木头的热传导率很低，所以铁

冰激凌勺就很好地利用了热传导的原理。即使是解决这个问题的方法不是强行去挖，而是使用能够通升温的金属材质的勺子，让冻硬的冰激凌稍微融化一容易加热和冷却，所以冰激凌勺可以让冰激凌在送入之后，口腔内的温度又将勺子重新加热到可以融化冰

冰激凌勺通过扩大勺子和冰激凌的接触面积来达因此，与将舀起的东西都集中到勺头顶端一点的椭圆可以确保有一边能够完整地接触到冰激凌。另外，根

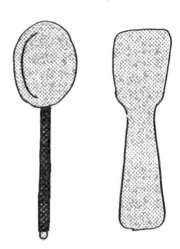

变烫。

导"，

说，

底锅一般都搭配木质把手）。

很尖的勺子，面对冻硬的冰激凌也束手无策。

尖的温度或房间的温度

热性好意味着

之前不会融化。

的温度。

好地传导热的目的。

子不同，冰激凌勺的勺头是扁平的，

用目的不同，工具也会变换成各种不同的形态。

大家都知道漏斗这种工具吧。一般我们把漏斗分为：在化学实验中使用的玻璃器具和在平时生活中将酱油和料酒等物品转移到小瓶里的工具。

储存粮食的巨大筒仓，底部呈漏斗状，让人可以从大量的储粮中适量取用。沙漏也是漏斗的同类。此外，如果在漏斗和材料之间放上纱布或滤纸，还可以进行"过滤"，用于制作滴滤咖啡和滤油。

漏斗是一个由倒圆锥状的斗身和细长导管构成的简单工具。正因为它的简单，我们才能发现各种各样的自然现象，一边观察酱油转移的过程，一边关注工具中所蕴含的物理原理。

方便滑落的倒圆锥形

自然界中也可以看到类似漏斗的构造。例如，蚁狮的巢穴。生命只有短短一个月左右的蚁蛉，在幼虫时期以蚁狮的形态在沙地上挖洞，并在之后的两年在洞底静静地等待食物。入口很宽，越往下越窄的巢穴，就像漏斗一样是"倒圆锥形"。不小心掉进蚁狮巢穴的生物，每次挣扎着想要爬上去的时候，斜坡上的沙土就会崩塌，使它们不断向更深处滑落。

说起来，所谓"滑落"是怎么一回事呢？如果你把物体放在斜面上，它就会慢慢向下滑，对吧？这是因为地表上的所有事物都受到被地球拉向其中心方向力的作用，也就是都受"重力"的作用。大家也许会觉得"什么呀，不就是重力嘛"，可不要小看这种力的存在哦！

如果没有重力，我们就无法站立在地面上，也不能把东西随意放在桌子上，水也不会从水龙头里滴落。汽车能在地面上持续行驶、水库能够不断积水、地球上能够存在大气……都是托了这种力的福。当然，工具的使用也离不开重力。因此，我们先从"重力"这一话题开始讲起。

牛顿发现的万有引力

古希腊时期，人们就知道地面有吸引物体的力量。但是，这与现在的重力观点有很大不同。当时人们认为，物体的重量是由物体的"内在性质"决定的。例如，石头是由"土"构成的，所以会比羽毛受到更大的地面吸引力。这里所说的"土"是表示事物性质的抽象概念，并不是实际存在的土。当时人们还不知道地球是一个圆形行星。

不久，随着对天体研究的深入，人们发现地球并不是"平"的，而是"圆"的。于是，关于是"以地球为中心，太阳和星星围绕着地球旋转"，还是"地球围绕着太阳旋转"的争论变得更加激烈了。从这个时候开始，人们开始思考重力的存在，认为物体之所以下落是因为受到了地球引力的影响，并开始热切地观察物体的下落运动。

在研究逐渐成熟的 17 世纪，当时还是学生的艾萨克·牛顿*提出了"地球的重力不仅作用于地面，也作用于月球"的设想。他认为"万物之间存在相互吸引的力"，并最终将其总结为"万有引力定律"。

牛顿认为，引力的大小不是由"物体的内在性质"，而是由"物体的外在性质"决定的。他所说的外在性质指的是"物体的移动难度"，如羽毛容易移动，石头很难移动。牛顿根据物体的这些性质来决定"质量"的大小，质量越大的物体就越"重"。

地球和我们之间、我们彼此之间都存在万有引力。但由于地球的质量太大，物体会被单方面地朝着地球中心的方向吸引。而我们和铅笔、我们和汽车之间的引力太小，所以几乎感觉不到。因此，我们每天似乎只能感觉到重力*——我们被拉向地球的力——在起作用。

充分利用重力

处于被斜面包围的结构中的物体，会毫无遗漏地全部在地球重力的作用下滑落。我们和蚁狮都是运用自然的力量来达到"让东西往下掉"的目的。

那么，这些现象是否完全相同呢？其实有些不同。如果要比喻两者的区别的话，蚁狮巢穴里的沙粒就像一个接一个滑滑梯的孩子，每一颗都是单独行动的。而漏斗中的沙子就像孩子们手牵着手或交叠坐着，几个人挤在一起滑滑梯的情景，而且他们身后还有好多这样成群涌过来的孩子，在滑梯上排起长队。这样一来，他们就无法单独行动了。因此，像这样填满漏斗其实是一种行动不自由状态，因为在这一状态下，全部材料作为一个整体移动。

另外，由于滑梯是倾斜的，所以排在队伍越靠前的位置，要承受的压力就越大。领头的孩子承受的压力是无法估量的。同理，如果把漏斗装满水，漏斗底部就要承受最大的"压力"（压力是指施加在每单位面积上的力。水的压力被称为"水压"，水越深，水的重量越大，水压就越大）。

漏斗底部承受的压力还不止这些。地球周围的大气（空气）也存在"大气压"。气体虽然体积小，

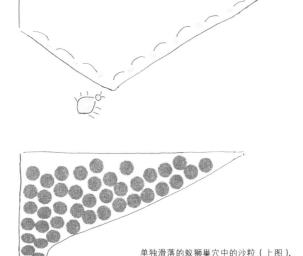

单独滑落的蚁狮巢穴中的沙粒（上图），
一起滑落的漏斗中的沙粒（下图）

但也有质量，离地表越近，空中大气的重量就越大，大气压也就越大。大气压力作用于空气接触的所有物体，当然也会影响到水面。漏斗中的水不仅受到水本身重量的影响，还会受到由水深引起的水压和推动水面的大气压力的影响，被不断向下挤压。这样看来，再没有比漏斗更能充分利用重力的工具了。

说句题外话，当漏斗里的水所剩无几时，会出现一种美丽的现象，就是旋涡。当水量减少，水面的表面积变小时，水压和大气压就会减弱。而且由于漏斗和水接触的地方还会受到摩擦力的影响，漏斗中心和边缘的水的流速会逐渐产生差异。这样就会产生扭曲的流动，形成旋涡。鸣门的涡潮[1]、从人造卫星上看到的台风，都是旋涡。龙卷风形成的云也被称为"漏斗云"。真是个好名字。

---

[1] 世界三大涡旋之一，在日本的鸣门海峡。

（注＊）牛顿的功绩至今仍被人们称颂，据说是因为他没有追究万有引力产生的原因。在此之前，当人们提出新的想法或法则时，为了追究其原因，就会不断举出虚构的事物来寻找可以解释的"道理"。"这就是原因""不对，不可能是这样"，就这样一直争论不休，好不容易发现的想法和定律要经过很长时间才得以灵活运用。

　　在这种情况下，牛顿认为与其寻找无法证实的原因，不如直接使用该定律。也就是说，虽然不知道为什么会产生万有引力，但把这当作"神的旨意"就可以了，所以我们就用这个定律去解释各种各样的运动和现象吧！这样的态度，正是他引领近代物理学发展的原因。

（注＊）严格来说，重力是"作用于地面上的物体的万有引力"和"地球自转产生的离心力"合起来产生的力。

让咖啡冲泡得更美味的"蚁狮巢穴"

人们常说，将滴滤咖啡冲得好喝的方法是在中央[
为什么比起从边缘画圈注入热水，把热水持续滴到中[

冲咖啡的时候，先倒入少许热水，让咖啡粉膨胀[
这时看一下滴滤器，就会发现咖啡粉末在慢慢地分层[
而较大的颗粒因为含有气泡，会浮在中央。

第一次倒入的热水都漏下去以后，边缘的粉末会[
而留在原处，而中央的粉末则会沉到底部，不久就会[
这样一来，咖啡滤纸的表面就会形成厚度均匀的咖啡粉[
向这个均质的粉层慢慢倒热水，就能萃取出过滤良好[
如果这层粉末的厚度不均匀，倒入热水的量就会不均[
最终萃取出的咖啡也会略带涩味、苦味或其他杂味。

也就是说，不能从边缘倒热水，因为这样会破坏[
形成的厚度均匀的咖啡粉层。之所以要慢慢倒入热水[
一定量，是因为如果水面降得太低，中间的水流就会变[
末端一样。接着周围的粉末会被刮掉，粉层变薄，导[
萃取滴漏咖啡的诀窍，也是对漏斗原理的充分活用。

"の"字，然后慢慢滴入热水去焖蒸。

更好呢？

萃取时不需要的气体排出。

密度高，容易下沉，会厚厚地堆积在滴管的侧面和底部，

滤纸之间的摩擦

凹陷的"蚁狮巢穴"。

二次开始，

味的咖啡。

能低于

沙漏的

的咖啡有杂味。

花洒 | 制造强劲的水流

旅行住酒店的时候，如果花洒出水有问题，就会让人觉得很难受。例如我们以前在欧洲旅行时，花洒好像很少有热水供应良好的时候，大汗淋漓的夏天和严寒的冬天都让人想哭。平时理所当然认为从花洒里流出的水，其实也要归功于充分利用水压的物理智慧。让我们来思考一下制造水流的方法。

让水流强劲的方法

俗话说"水往低处流"。只要利用高低差，就能让水流产生一定的水势。这是一种利用重力的巧妙方法。

在公元前 700 年前后的美索不达米亚，已经有城市拥有名为"渡槽"的先进供水系统。在意大利，公元元年前后的数百年间，人们修建了 11 条水道，形成了长达 350 千米的罗马渡槽。在日本，江户时代（1603—1868）多摩川的水通过玉川上水供应到江户地区 [1]，这也是历史上有名的水利工程。这些水道会形成平缓的下坡，让水自然流动。所以，像瀑布或水库那样，高低差越大，水势就越强。

---

[1] 利用多摩川从羽村到四谷的高低差，向江户城中引入饮用水的供水道，江户六上水之一。

施加压力推动水流

除了利用高低差，还有其他可以让水流动的方法。只要施加压力推动水流就可以了。例如，在水深 1 米的地方，水压大概为 1 万帕斯卡*。大家也许会觉得这个数字非常大，我们平时游泳的普通游泳池的水深是 1.2 米，所以它其实和我们在泳池底部感受到的压力差不多，这么一想就觉得没那么夸张了。水也受到与水重量相当的重力的作用，潜得越深，水的重量越大，在水中承受的水压也就越大。

要说充分利用水压的工具，就是园艺用的喷壶了。如果你仔细观察，就会发现水流的通道喷嘴是从容器底部伸出的。装满水的喷壶底部水压很高，喷壶就是利用这种压力，强力挤压底部附近的水，从而产生强劲的水流。

如果把喷壶倾斜一些，水就会以漂亮的曲线喷出很远。但是随着容器里的水逐渐减少，水压变小，喷壶喷水的水势也会减弱，变成淅淅沥沥地往下滴。如上所述，容器内的水量决定了喷壶的水压。那么，有没有保持水压恒定的方法呢？

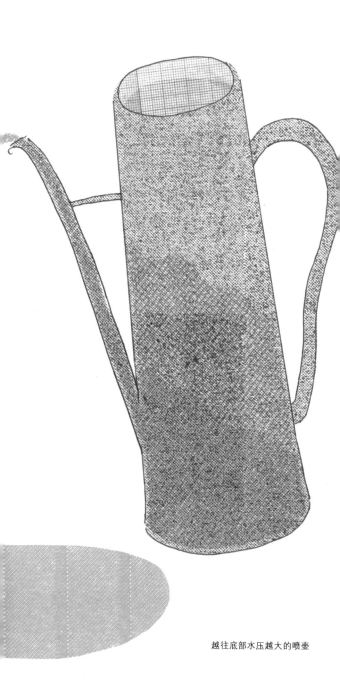

越往底部水压越大的喷壶

压缩以保持水压的水泵

为了在底部不深的情况下也能保持较高的水压，我们可以采用"通过水泵压缩水"这一方法。水之类的液体和空气之类的气体，由于密度小，分子间有很多空隙，所以可以挤压收缩。这种属性被称为"可压缩性"。

现在要向大家提个问题，你们觉得水和空气哪个更容易压缩？

不知道大家还记不记得这个实验：在两个注射器中分别注入空气和水，然后用手指按住注射器口并按压活塞，观察活塞能压缩到什么程度。实际比较后会发现，空气的体积变化更大，而水几乎无法压缩。这是因为与液体相比，气体的分子密度更小，而且处于松散的状态。而被活塞压缩的水，因为处于水压很高的状态，如果松开压住注射器口的手指，水就会猛地向外喷出。

现代日本的自来水就是利用水的这种特性来供水的。例如，在高层建筑中，水泵在一天中的任何时间都会将计算好的水量以压缩状态推出，将水输送到每家每户。供水系统的水压大约稳定在 30 万帕斯卡。这其实与人在 30 米深的水中所感受到的压力相同，我们发现水泵所施加的力相当大。

家里的水龙头全部由水管连接，不管哪处水管，水压都是一样的。因此，无论你拧开家里的哪个水龙头，水都会以相同的速度流出来。

从小孔喷出会喷得更远

但是从水龙头流出的水并没有花洒那种水流强劲的感觉。花洒水压更强的原因在于，花洒的喷头上有很多小孔。打个比方，如果我们用手捏住软管的出水口，水就会"噗"的一声划出一道漂亮的抛物线，喷出很远。同理，出水口越小，喷出的水流就越强劲。

为什么出水口变窄后，水就会强力喷出呢？这

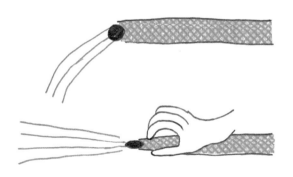

软管的出水口变窄后，水喷得更远

是因为在密封的水管和软管中，水无法朝任何方向喷出，只能从内侧用力挤压管壁，就像早高峰时把乘客塞进车厢，然后强行关上车门的满载公交一样。如果你在水压很高的情况下打开水龙头，获得了自由的水就会一下子从水龙头里冲出去。此时，如果出水口太小，就会产生两种水流：一种是可以冲出去的水流，另一种是因被挡住去路而无法动弹的水流。而且由于无处可逃的水被部分压缩，水压进一步增大。结果，向外冲的水流在巨大水压的作用下就会强力喷出。

花洒喷头上小孔的直径比压扁的软管还要小，而且从每个孔中喷出的水量也少得多，所以出水的势头很强。

那么，实际使用时，花洒中的水是以怎样的速度喷出的呢？当你把花洒喷头立起来，朝水平方向喷水时，水流一开始势头强劲，但慢慢地就会因为重力的作用而下落。出水时的起始水势越大，水流喷出的距离就越长，而最终能喷出多远，取决于花洒喷头的位置（高度）和花洒出水的速度。

我试着立起我家的花洒喷头，把水笔直地朝前冲，水大概喷出去了3米远。粗略估算了一下，这时花洒的水流比从软管出水口滴落时的速度快

30 倍，时速超过了 15 千米。花洒的水流速度竟然和一位女士骑自行车的平均速度差不多，有点出乎我的意料。淋浴时，无数细小的水珠就是以这样的速度撞击着我们的肌肤。

（注*）亚述帝国的首都尼尼微。

（注*）帕斯卡（Pa）是压强单位，每平方米承受 1 牛顿的力所产生的压力就是 1 帕斯卡。顺带一提，大气压为 1013 百帕（hPa），大约相当于 10 万帕斯卡。当消防员在火灾中放水时，水会以曲线飞流直下，水流高度可以越过一栋两层楼高的房屋。尽管压力因消防泵类型的不同而有很大差异，但一般情况下，放水时水龙带所承受的水压约为 10 万帕斯卡。

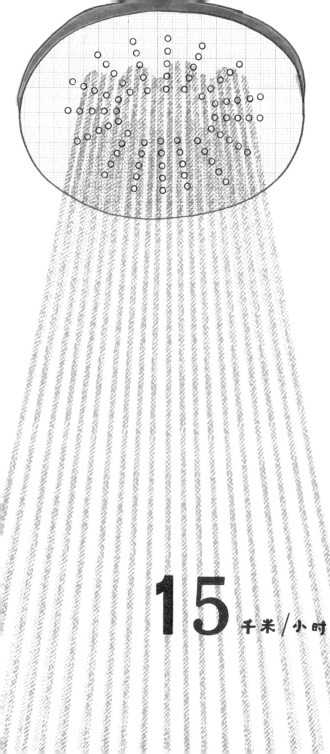

15 千米/小时

变成形状清晰的水滴的原因

从花洒喷头里喷出的水流会瞬间变成"水滴"，

噼里啪啦地洒落在身体上，感觉很舒服，像雨点一样。

少量的水为什么可以立刻变成水滴呢？这是因为水分子

举个例子，如果把水和牛奶倒进同一个容器中，它们之

马上混合到一起。

那么，水和空气又会如何呢？倒进杯子里的水，其

面和空气之间的分界面很清楚，并不会混合。洒到桌子

也是一样，不管过多久，水还是水，空气还是空气。此

只有水紧紧地吸引着彼此不分开。水分子紧紧黏在一起

排斥其他分子的现象被称为"表面张力"。

从花洒喷头中喷出的水会因下落的势头而变得支

但水分子不会因表面张力而分开，很快就会相互牵起手

此时最稳定的形状是在相同体积下表面积最小的"球"

淋浴时，从花洒里喷出的水会在接触空气的一瞬间

也就是水滴，这些水滴不断地接触皮肤，给人一种舒适

构具有相互牵手的性质。

界线会立刻消失，

水
水面上

窄，
成一团。

"球形"，
觉。

电风扇 | 聚集空气制造风

从太空拍摄的地球照片中，我们能看到环绕着地球的大气*——蓝色的海面上覆盖着一层像薄纱一样的淡蓝色薄膜。从地球之外看，你可以清晰地感受到它的存在。

在地面上也能感觉到大气，就是沐浴清风的时候。而没有大气的月球上是没有风的。自然风虽然让人心情愉悦，但不是你想要就会吹来。因此，人类为了得到"风"，发明了团扇、电风扇等送风工具。我们来思考一下，这些工具如何操纵看不见的空气和风。

风是怎么产生的

向一个方向流动的空气被称为"风"。风主要是温差和气压差引起的。

例如，当地面因为阳光照射而升温时，地表附近的空气分子就会变得活跃，开始在大范围内流动。因此，在相同体积下，温热空气中的分子变得比冷空气中的分子数量更少，也更轻，就像氦气球飞到高空一样，在冷空气中不断上升。于是，周围的冷空气很快就会流动到温热空气之前所在的地方。这种流动就是风的本质。

气压的不同也会产生风。我们周围充满了空气，

变暖的空气中的空气分子变得活跃，朝着冷空气的方向移动

在海拔 0 米的地方，头顶上每平方米大约有 10 吨空气。在日常生活中，我们的身体承受着相当大的压力，但我们几乎不会感受到这种压力。海底的鱼大概也感受不到水压吧。

地球的大气是不断运动的，有些地方空气密度大，而有些地方空气密度小。空气密度大，就是指空气中的分子处于密集状态。分子数量多，挤压分子的力，也就是气压会变高。空气分子会从空气密度大的地方向空气密度小的地方移动。因此，空气中的分子从高气压流向低气压*，这种流动就是风。

人会从拥挤的地方朝空旷的地方移动，空气分子也一样。

空气会从空气分子密度大的地方向密度小的地方移动

简易造风法

那么，当你想制造风时，应该怎么做呢？最简单的方法就是"推动现场的空气"。当吹生日蛋糕上的蜡烛时，我们会将肺里的空气从口中呼出，吹起"风"。像这样"把储存在袋子里的空气一口气都挤出去"，就是制造风的一种方法。

为了把储存在袋子里的空气挤出去，人类制造了一种名为"风箱"的工具。风箱的作用是通过向火源输送风（氧气）来提高火力，是一种自古以来就被人们广泛使用的生活工具。从用双手不断开合的小工具，到像脚踏风箱那种需要很多人脚踩送风的大型装置，其构造基本上都是通过压缩袋子或箱子的体积来将里面的空气向外输送。管风琴和手风琴等乐器也是用风箱代替嘴来输送空气，从而发出声音的。

除此之外，还有一种方法是利用逆向思维，"将一个平坦的平面上下左右移动，以产生风"，其灵感源于风摇动树叶、吹动旗子的样子。这种制造风的方法叫作"扇"。小学生拿着书本"呼呼"地冲着汗流浃背的朋友扇，大大优雅

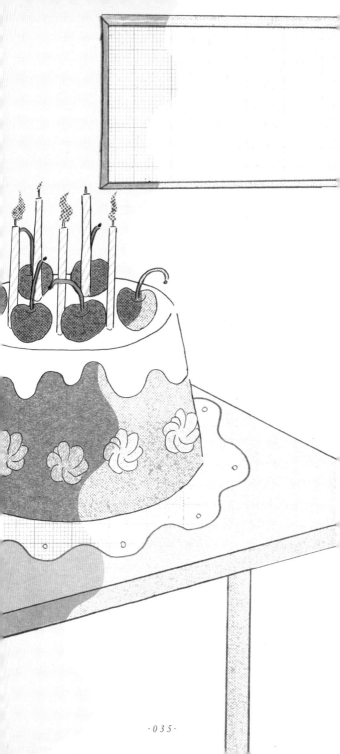

地轻轻摇着扇子，还有烤鳗鱼和鸡肉串时也绝不能缺了团扇。

能够高效造风的形状

话说回来，像团扇和折扇那样把周围的空气不断压到一个平面上，并不会让人感觉到"空气的阻力"很大。空气的阻力到底是什么呢？

物体有"固体""液体"和"气体"三种状态。与保持一定形状的固体不同，液体和气体没有固定的形状。例如，把水倒在什么样的容器里，它就会变成相应的形状。如果倒在地板上，水就会自由地扩散。这些没有形状的液体和气体，在像河流一样运动的状态下也被称为"流体"。风是空气的流动，也属于流体的一种。

流体的运动非常复杂**，但有一个简单的特征，那就是"直行的流体遇到阻碍其流动的物体时，流向会被打乱，同时阻碍流体流动的物体会受到一个来自意想不到的方向的力"。例如，为了阻挡河流而放置石头，石头就会阻断并扰乱河水的流动。湍急的水流会从各个方向挤压石头，使石头受到来自意想不到的方向的力。这就是"水的阻力"。

空气的流动也是如此，如果遭遇到阻碍，就会用力将障碍物推开。像新干线之类高速行驶的交通工具也会遇到相应的空气阻力，因此，新干线车头的形状被设计成光滑的曲线，有效地降低了空气阻力。如果仔细观察电风扇的叶片，你会发现叶片的一端朝着斜前方弯曲。竹蜻蜓和风车的叶片也是一样的道理，它们都是通过曲面巧妙地减小空气阻力，将空气向前方推动。

那么，在"平面"和"曲面"上，空气阻力有什么不同呢？因为空气是肉眼看不到的，所以我们试着在泡澡时观察一下热水的运动。

首先，请伸直手指，绷直手掌，试试用手把热水往前推。在热水涌向前方的同时，手背一侧的水会瞬间减少，接着周围的热水会立刻涌过来。将手掌拉回原位时，手背会与热水碰撞，可以感受到热水对手背的阻力。

接下来，稍稍拢起手掌，将手伸进水中，用手腕的力量轻轻拨动。阻力与刚刚相比有所减小，你能感觉到大量的热水涌向自己。

前者就是团扇的感觉，而后者是电风扇的叶片的感觉。电风扇通过旋转弯曲的叶片，有效地将周围的空气集中到中心并向前推动。当空气被向前推动时，附近的空气减少，气压下降，导致周围的空

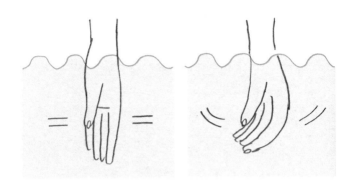

气流入这个区域。风扇再将空气向前推动,周围的空气再次流入……这样就实现了持续不断送风的效果。也就是说,电风扇是利用光滑弯曲的叶片,有效地将空气集中之后向前推动,进而制造气压差,实现持续不断送风的装置。即使是在空调已经得以普及的今天,能吹出令人身心舒爽的凉风的电风扇依然很受欢迎。

让微风风力增强的曲线

如此一来,我们就能发现,对电风扇来说,叶片是多么重要的存在。但是,最近也出现了没有叶片的独特电风扇。例如,戴森公司新推出的空气净化风扇,不但没有叶片,中间还像甜甜圈一样是空的。没有制造风的叶片,风又从何而来呢?

其实,叶片只是没安装在我们能看到的地方,在下方的底座里,叶片正好好地转动着呢。可能有

人会说，什么嘛，这不还是有叶片吗？事实上，这种安装在底座里的叶片很小，无法制造出强度足以让我们感到凉爽的风，而是只能朝着正上方吹的微风。

那么，足以媲美电风扇的风力是如何制造出来的呢？秘密就在于 1 毫米宽吹风口的内部结构。从出风口的缝隙窥探内部，你就会发现内壁略微朝着出风口向外弯曲。嗯，就这样而已吗？或许大家会忍不住这么想。但就是因为这样的弯曲，才让出风口吹出的空气拥有了截然不同的威力。

小电风扇吹出的微风，在吹出的瞬间会因为产生的气压差而被挤压到出风口的内壁上。虽然一开始风力很小，但随着风朝着出口前进，将周围的空气逐渐卷进来，风力会变得越来越大。这是由流体的"黏性"这一性质决定的。说到黏性强的液体，最具代表性的就是蜂蜜，空气和水虽然不明显，但也有黏性。微风在沿着通往出风口的曲线前进的过程中，因黏性而不断卷入周围的空气，最终"成长为"足以让我们感受到凉爽的大风。这种小气流因空气的黏性而得以增强的现象被称为"康达效应"。飞机起飞时和火灾现场产生的气流等也会发生这种风力增强的现象。

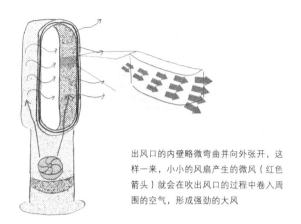

出风口的内壁略微弯曲并向外张开，这样一来，小小的风扇产生的微风（红色箭头）就会在吹出风口的过程中卷入周围的空气，形成强劲的大风

　　风是地球上有空气才会发生的自然现象。都说人类是掌握了火的动物，同样因为知道了空气的存在，人类也掌握了操纵风的方法。现在，随着计算机性能的提升，人们逐渐洞察了风那些难以捉摸的细微变化。利用模拟实验，通过改变流体的各种条件，我们可以找到最合适的曲面。比以往任何时候都更能准确地预测、操控风的时代即将到来。

（注[*]）大气是氮、氧、氩、二氧化碳等气体的混合体，在重力的作用下，绝大部分气体被地球吸引并扩散到高空 100 千米的范围内。

（注[‡]）天气图中的"高"和"低"分别表示高气压和低气压。高气压是气压比周围高的空气团，低气压是气压比周围低的空气团。在低气压的情况下，由于气压低，空气从周围流入，但无法潜入地面和海面，只能向上流动，于是在海上形成含有水分的上升气流，在高空冷却后变成雨。因此，下雨之前经常会刮大风。台风的定义很复杂，但可以大致理解为强力的低气压。

（注：）由于流体是空气与水分子的集合（18毫升的水中大约含有 6.02×10^{23} 个水分子），所以其运动极其复杂。当施加力去移动物体时，在固体中，构成它的所有原子和分子都会以相同的速度向同一方向运动。但在流体中，各个分子的运动方向完全不同。如果在流体中放置固体，流体的前进方向会因为与固体发生碰撞而被阻挡或改变，在拿走固体后又会再次自由运动，流体中分子的密度和速度每时每刻都在发生变化。

往一个外形圆润的收口玻璃杯里倒入小半杯液体，然后一边旋转玻璃杯，一边享受"最幸福的时刻"……怎么样，是不是一个充满生活情趣的画面？以上提到的，是为了品尝葡萄酒而设计的红酒杯的特征。我们在品酒的同时，也试着挖掘一些隐藏在杯子中的物理定律吧。

酒杯形状

葡萄酒历史悠久，据说其起源可以追溯到公元前 6000 年前后的高加索地区。在古希腊被视为"神圣之物"的葡萄酒，其酿造技术在古罗马时期得以迅速发展，之后随着基督教的传播在整个欧洲大陆普及开来。

在古罗马时期贵族们的餐桌上，葡萄酒都是用银制或玻璃器皿来盛放的。如今在餐厅里常见的由圆润杯身和细长杯脚组成的红酒杯在 20 世纪后半叶才出现。葡萄酒的味道和香气因葡萄的品种、产地和酿造方法的不同而有很大差异，奥地利一家公司设计的这种杯型则可以将各种葡萄酒独特的味道和香气激发出来。

一般用来喝红葡萄酒的玻璃酒杯，其特点是杯身的体积很大。据说这是为了增加葡萄酒与空气的

杯口很宽的波尔多红酒杯

接触面积，使其味道更加醇厚。红葡萄酒是连同红葡萄的果皮和种子一起酿造的，所以含有大量单宁，而单宁又是产生涩味的关键。单宁很容易与氧气发生反应，一旦氧化，其性质就会改变，涩味也会消失。喝红葡萄酒用的玻璃杯，可以让葡萄酒尽可能地与空气中的氧气接触，使单宁氧化，以缓和红葡萄酒中的涩味。

利用杯身的弧度改变流速

此外，人们还尝试利用玻璃杯的形状来控制葡萄酒的流速，让红酒的口感产生变化。因为直到现代酒杯问世的 20 世纪，人们都认为不同的味觉是由舌头的不同位置来感知的，甜味是舌尖，酸味是舌头两侧，苦涩是舌根，所以红酒杯的设计也考虑了这一点。

例如，同样是红葡萄酒，对于以苦味为特征的完全成熟的红葡萄酒，推荐使用较大的波尔多红酒杯来喝。宽口杯可以让葡萄酒缓慢流动，与更容易感知酸味的舌头两侧充分接触，从而缓解酒的涩味。

以酸味为特征的红葡萄酒，更适合使用杯口收窄的勃艮第红酒杯来喝。相对于圆润的杯身，勃艮第红酒杯的杯口较窄（杯身与杯口的直径相差较

杯口收窄的勃艮第红酒杯

大），所以如果酒杯的倾斜幅度不够大，就没办法喝到杯中的酒。这样一来，葡萄酒就会从容易感知甜味的舌尖流向喉咙深处，从而避开容易感知酸味的舌头两侧。如果是重视冷感的白葡萄酒，为了尽快喝完，一般会用体积小、杯身纤细的酒杯。

但是，到了 21 世纪，人们发现是分布在舌头和口腔深处、被称为"味蕾"的小器官在感受各种味道。也就是说，酸、甜等味觉并不是由舌头的特定部位来感知，而是由舌头的全部区域来感知的。尽管从功能上来说，整个舌头都能感知到，但最终负责识别味觉的是大脑。有报道称，舌头不同部位对味觉的感知极限也存在差异，味觉的机制目前仍在研究中。另外，葡萄酒在口腔内停留的时间和温度也会影响其口感，所以不能说红酒杯的形状完全没意义。

虽然随着研究的深入，人们对这些玻璃杯的设计初衷产生了质疑，但使用合适的葡萄酒杯可以更充分地感受葡萄酒的美味是不争的事实。总有一天，我们会用更先进的理论解开红酒杯的形状如何激发葡萄酒美味的秘密。

不断扩散的香味分子

　　红酒杯不仅会影响葡萄酒的口感，还决定了香气扩散的路径。在介绍红酒杯的讲究之前，我们先来思考一下看不见的香味的移动方式。

　　如果把有香味的物质放进容器中并盖上盖子，香味分子就无法逸出容器，所以几乎闻不到味道。但只要打开盖子，在容器中横冲直撞的香味分子就会立刻飞到空气中，飘散到四面八方。香味分子一旦扩散，就无法再恢复成原来的状态。空气中飘散的香味分子不会自行聚集，也几乎不会重新回到容器中，这是自然界的法则。往咖啡里倒牛奶时，牛奶从倒进去的一瞬间就开始扩散，逐渐与咖啡混合，然后变成牛奶咖啡的颜色。在这个过程中，牛奶不会在某处凝结成一个白色的块。这种无法自然恢复到原来状态的变化被称为"不可逆变化"。

　　物理学将所有现象分为"可逆变化"和"不可逆变化"。两者的区别是，将变化过程倒放也没有违和感的就是可逆变化，而会产生违和感的则是不可逆变化，这样说就容易理解了吧。以一定的节奏左右摇摆的钟摆的运动，即使将这个过程倒放，也不会产生违和感，这就是"可逆变化"。而装满水的水桶被打翻之后，倒放这一过程，让水重新回到水桶里就很不现实，所以这是"不可逆变化"。

不可逆变化指的是无法恢复原状，或者从有序状态向无序状态的转变，也就是"如果你放着不管，事情自然就会变得一团糟"*。与热和温度等分子的运动有关的变化都是不可逆变化。当然，从葡萄酒中挥发出的香味，其扩散也是一种不可逆变化的现象。

创造香味扩散的路径

香味分子从扩散到空气中的那一瞬间开始，就不停地向周围扩散，然后逐渐变淡。因为香味分子比空气分子大，所以运动很慢，刚开始时会像蒸汽和烟一样，变成一团，在空气中飘荡。如果它们飘到鼻子里，我们就能闻到"香味"。所以，为了充分享受葡萄酒的香气，我们必须在香味分子完全飘散之前，高效地将香气团吸到鼻子里。

表演"香道"时，人们一般左手拿香炉，右手盖住香炉并微微张开拇指和食指，然后将鼻子凑近这条缝隙去闻香。通过用手覆盖香炉，创造出了"香味的路径"。红酒杯的设计也一样，为了不让挥发的香味流失，与圆鼓鼓的杯身相对，杯口都是收紧的。这就相当于用玻璃来代替手覆盖杯口。

往杯中倒酒的量也有讲究。倒葡萄酒的时候，最好倒到酒杯的三分之一处左右，这是为了让剩下的空间能被葡萄酒挥发出来的香味填满。如果倒满酒杯，容易接触到空气的表面的香味会瞬间混入周围的空气，扩散消失。虽然眼睛看不见，但酒杯里其实装满了"葡萄酒的成分"。

让人更好地享受葡萄酒色香味的酒杯设计

红酒杯上的讲究还不止这些。杯身的弧度大小不同，香味成分的挥发速度也不同。波尔多红酒杯的杯身弧度很小，先挥发的成分和后挥发的成分会产生不同的香味，可以让人体验到从花果香味到酒香味的变化。而像勃艮第红酒杯这样杯身弧度较大、杯口收紧的杯子，因为杯口直径较小，葡萄酒表面挥发的香味会被杯口挡住，使得先挥发成分的香味滞留，最后不同成分挥发的香味在杯中混合到一起。这样一来，人们就能享受到层次更加丰富的香味。

最后，我们来看看转动红酒杯的动作。液体表面积越大，葡萄酒的挥发量就越多。像画圈一样转动酒杯，不仅能增加杯中葡萄酒与空气接触的面积，还能让杯中的气体运动起来，促进挥发，更好地激发酒的香味。如果用普通的杯子或啤酒杯，恐怕很难实现这个动作。

另外，如果你像画圆圈一样摇晃酒杯，葡萄酒会在黏性（→第40页）和表面张力（→第30页）的作用下在杯身上形成一层有厚度的膜。鲜艳的色泽浮现出来，让人立刻就可以清晰地感受到不同葡萄酒的差异。作为葡萄酒爱好者，我总是希望自己能潇洒地转动酒杯，充分享受葡萄酒的色泽和香气，但手指捏杯子的力度和手腕转动的角度太难把握了。

（注*）房间一直放任不管的话，很快就会变得杂乱。如果房间变得杂乱不堪，虽然房间内的东西没有发生任何变化，但使用起来会变得很不方便。同理，让气体经过加热等过程进入高温和高气压的高能量状态，可以利用这种状态做很多工作，但如果放着不管，这些气体就会散逸到周围寒冷的空间中，好不容易创造出来的能量也无法加以利用。在自然状态下，气体不可能再恢复成高能量状态的样子。这就是散逸和不可逆。

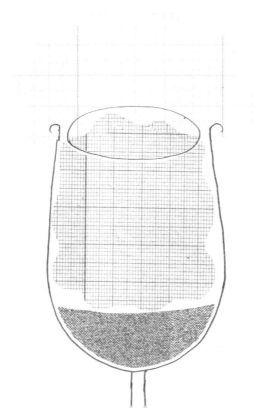

刺入工具

听到"刺入"这个词，大家会想到什么呢？我想到的是伯劳的早贽[1]。野鸟伯劳有把捕获的猎物插在树枝尖刺上的习惯。之所以这样做，比较可信的说法是为了确保有足够的过冬食物。没有锋利的獠牙和利爪的人类也和伯劳一样，为了生存，需要有"刺入工具"。

所谓"刺入"，就是以很小的面积对物体施加压力。让我们来看看不同用途的刺入工具各自都有什么巧妙之处，以及它们是如何刺入物体内部的。

---

[1] 指的是一种将猎物穿刺在树枝、荆棘和铁丝等硬物上的行为，通常与伯劳鸟的行为相关。

本书的作者之一田中幸是岐阜人，她把用尖锐物刺穿的行为叫作"扎"。实际使用时，可以说"用筷子使劲扎菜太粗鲁了""用针扎到手指了，很疼"等。

轻松痛快地刺入

尖头的叉子正是用来扎东西的工具。烤鸡肉的时候，用叉子在鸡皮上戳出小洞，防止鸡皮收缩，让肉能烤到合适的火候。烤维也纳香肠的时候也是，如果懒得拿刀切，也可以用牙签在上面戳洞。生活经验告诉我们，用尖头去刺会更轻松。首先让我们来看看为什么可以轻松地刺吧。

所谓"轻松"，就是"以小力量产生大效果"。其中一个方法是利用压力。受力面积越小，压强就越大。试着用牙签的尖和横过来的牙签棍分别按压香肠。施加同样的力量，用牙签的尖能刺得更深，这意味着效果更好。

叉子尽可能减小受力面积，所以即使不用太大的力，也能轻松地刺入食物深处。叉子和牙签等都是这样从"点"上施加压力的工具。然后将这些点连成"线"，就变成了小刀、菜刀等刀具。连续的"刺"才能实现"切"。

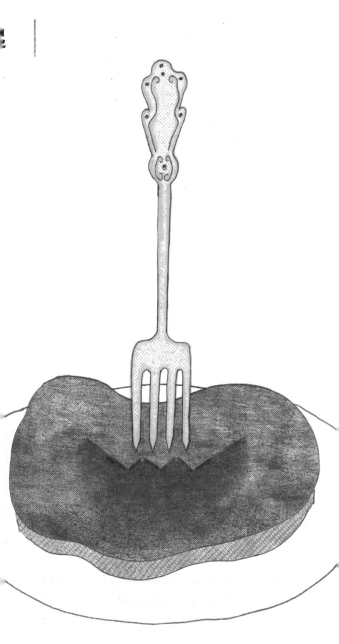

以点刺入的叉子

用叉子轻松拿起的东西

从"点"这个最小面积轻松刺进去以后，还必须以最小的接触面积把食物叉起并送到嘴里。如果是烤好的鸡肉，即使直接垂直拿起叉子，肉也会紧紧地粘在叉子上，但如果是口感松软的戚风蛋糕，这样直着拿起的话，蛋糕可能会在中途掉落。为什么会出现这样的差异呢？

虽然大家可能会觉得这个问题很奇怪，但对叉子来说，"烤好的肉"和"生肉"之间的区别是什么呢？可以说是，弹性不同。物体受到外力作用时会变形，当撤去外力时，它就会恢复到原来的形状，这种性质被称为"弹性"。如果你用勺子背面按压生肉，肉的表面就会凹陷，而如果你松开勺子，肉则会恢复原状，这是因为生肉有弹性。变形的物体为了恢复到原来的形状而施加的力叫作"弹性力"。

烤好的肉也有弹性，但如果你用勺子的背面去按压它，其表面不会像生肉那样凹陷。如果你想让它和生肉一样凹下去，就需要花费更大的力气。也就是说，烤过的肉弹性更大，更硬。弹性越大，肉被刺穿时被叉子的尖挤到一边的部分，就会越紧地

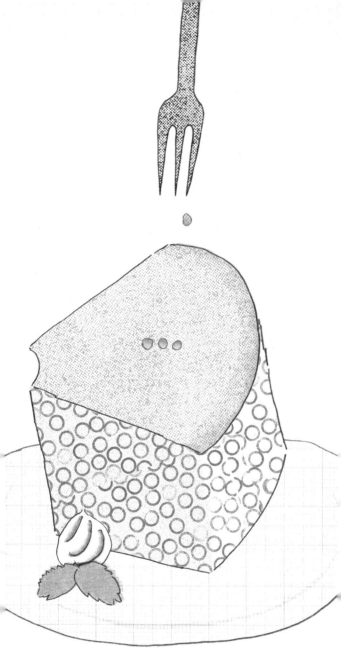

如果食物的弹性力小，叉子插上去后就很容易拔出

挤压叉子，试图回到原来的位置，这反过来更容易用叉子把肉叉起。

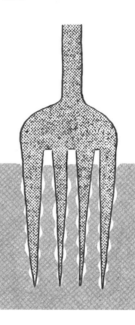

被弹性力挤压的叉子

所有物体都有弹性

为什么物体会有弹性呢？这是因为分子之间存在作用力。在我们身边，原子和原子结合形成分子，分子和分子结合形成物质。连接分子的力被称为"分子间作用力"或"范德华力"。在这种力的作用下，分子靠得太近会产生排斥力，离得太远时则会产生吸引力。因为几乎所有的物体都由分子构成，所以，可以说任何物体都是有弹性的"弹性体"*。

虽说所有的物体都有弹性，但像玻璃之类的东西即使按压也不会变形。就算把叉子插在玻璃上，也不能伤害玻璃分毫，更别说插进去了。在物理学中，将即使施加力也不变形的物体称为"刚体"*。然而，既然所有的物质都是由原子或分子构成的，那么这个世界上就不存在完全不变形的物质。玻璃并不是不会变形，而是一种极难变形的物质，只要进行精密的实验，就能测量出其细微的变形量。例如，在一根长 1 米、横截面积为 1 平方厘米的玻璃棒上悬挂 73 千克的重物，玻璃棒就会伸展约 0.1 毫米。

物体会变形到什么程度

当弹性达到一定极限时，物体就无法恢复原状或断裂，这被称为"弹性极限"。橡皮筋在被巨大的力量拉扯的时候，会变得弹不回来或者突然断裂，这是因为它被施加了超过其弹性极限的力量。既有像橡皮筋那样容易变形的物质，也有像钢那样不易变形的物质。使物体变形所需的力和形变量的比例被称作"弹性常数"。我们通常形容弹性常数大的东西是"硬"，弹性常数小的东西是"软"。

　　弹性常数大的物体之所以会变形，是因为施加的力大，所以物体想要恢复原状时的弹力也大。这就是为什么越结实的橡皮筋在拉伸后弹回的力量越大，比如我们选择用橡皮筋来捆住袋子的开口，在弹力裤上使用弹性强的松紧带，在睡衣上使用弹性没那么强的松紧带。另外，在日常生活中，根据不同用途，我们还会使用不同宽度的橡皮筋。

变化的弹性常数

　　就像生肉和烤好的肉一样，即使是同一个物体，弹性也会发生变化。生肉加热之后，蛋白质的结构发生变化，弹性常数变大，挤压叉子的力也跟着变大，所以叉子很难脱落。用手指按一下牛排来判断是否煎熟，就是运用了这个原理。

　　顺便说一下，鱼在加热后弹性常数会变小。叉子插进鱼肉以后，由于弹性力小，鱼肉挤压叉子的力很弱，所以很容易从叉子上掉落或被叉子戳碎，难以用叉子送入口中。因此，在食用蔬菜、鱼、贝类等弹性较小的食物比较多的中国和日本，人们用筷子夹而不是用叉子插的吃法。

　　有趣的是，叉子的使用方式在很大程度上取决于用叉子插的那种食物的性质。以后在吃柔软的蛋糕和厚实的牛排时，请一定要用叉子的腹部和尖头去感受一下食物的弹性差异。

（注 *）金属不是由金属分子而是由金属原子构成的，金属原子之间的作用力与分子间作用力相同，因此也具有弹性。

（注 *）物理学家为了发现事物的基本原理，会将思考对象理想化。"刚体"这个词狭义上指的是即使施加力也不会变形的物体，但在现实中并不存在绝对的刚体。物理学所讨论的是将现实极度纯粹化后的理论。

还有"质点"这个词，指的是有质量但没有大小的物体。当然，这种东西在现实中也不存在。但如果对有大小的物体施力，事情就会变得复杂起来，所以想要关注物体的运动时，把物体换成质点来思考就简单多了。

在物理学领域，对非专业人士来说感觉一脑门子问号的类似词语还有很多，比如"光滑"的意思是没有摩擦，"粗糙"的意思是有摩擦，"轻"的意思是无视质量，"缓慢"指的是"匀速移动"。

有一次，一个学生问我："老师，你说的瞬间是多少秒?"我不知道该如何回答，当时我十分抱歉地说："要说瞬间，只能说是无限短暂的时间。"因为物理学中的瞬间指的是无法测量的短暂时间。

这些词语的定义就像是为了解决问题而约定俗成的概念，也是在尽可能简单的条件下思考的方法。顺便说一下，光学中还有"平行的光线在无穷远处相交"这种无厘头的条件。

一听到刺入工具，可能有人最先想到的就是注射器。不管怎么说，因为是用锐利的针尖刺破皮肤，所以什么感觉都没有是不可能的。*

注射的疼痛是很多因素造成的，比如分布在皮肤上的痛点，以及摩擦——金属针和人体等异质物体接触时会发生摩擦。如果摩擦使针难以移动，就

会损伤针尖周围的皮肤、肌肉和血管。而且打针时无论是扎针还是拔针都要花很长时间，这期间的疼痛积累起来，更容易让人产生"好痛！"的感觉。因此，尽量减少接触时的摩擦，能减轻注射器在注射时带来的伤害和疼痛。在"流动工具"章节中，我们讨论了水和空气等流体之间的摩擦，

现在我们来看看固体之间的摩擦和为了使物体平稳移动而产生的摩擦，以及它们产生的原因和规律。

达·芬奇发现的摩擦定律

物体之间发生接触时，如果想让其中一方移动，两者之间就会产生阻碍移动的力。这种现象被称为"摩擦"，此时起作用的力被称为"摩擦力"。摩擦

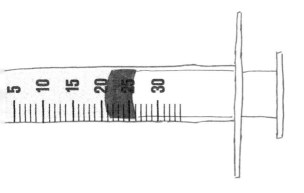

力越小，物体的移动就越流畅，移动时所需的力也越小。

对摩擦的研究由来已久，其中以达·芬奇的研究最为著名。对发明了各种机械的达·芬奇来说，摩擦是一个有趣的研究对象。他留下的记录中写道，物体的材质不同，摩擦的大小也不同，越光滑的物

体，摩擦越小。他还写道："任何物体在滑动时都会产生一种名为摩擦的阻力。表面光滑的平面与平面之间发生摩擦时，摩擦力的大小是其重量的四分之一。"这意味着当你在水平的桌面上放置一个 4 千克重的物体时，只需用相当于 1 千克重的力去拉，就能使其发生水平位移。

达·芬奇发现的定律与现在使用的物理定律大致相同。在那个时代，他就发现了至今仍然适用的规律，不愧是天才。

摩擦力与物体重量成正比吗

继达·芬奇的伟大研究之后，法国物理学家纪尧姆·阿蒙顿完善了这一研究。他再现了达·芬奇在素描中记录的实验，并于 1699 年发表了如下定律：摩擦力与桌面或地板等平面对物体支撑的力（被称为"垂直阻力"）成正比，与表面接触面积无关。简单来说，就是无论你把牛奶糖盒子竖着放在桌上还是横着放在桌上——无论它和桌子之间的接触面积发生怎样的变化，摩擦力都不会改变。

在达·芬奇的记录中，摩擦力似乎与物体的重量成正比。然而，阿蒙顿对这一结论进行了修正，他表示摩擦力的大小与"垂直阻力"成正比，而不

摩擦力与底面积不成正比

是"重量（重力）"。这很难理解，因为支撑物体的垂直阻力通常由物体的重量来平衡。但如果在物体上系一根绳子，将它向上拉到不离开桌面或地面的程度，垂直阻力就会减小，摩擦力也会随之减小。顺便提一下，当物体完全离开桌面或地面时，摩擦力就会消失。阿蒙顿认为，摩擦力并不是与物体的重量成正比，而是与物体和支撑物体的平面相互施加的力的大小成正比。

物体运动时，摩擦力会变小吗

1781 年，法国物理学家夏尔·奥古斯丁·德·库仑在阿蒙顿定律的基础上增加了一个新定律，并将其称为"摩擦定律"。库仑补充了两项内容，分别

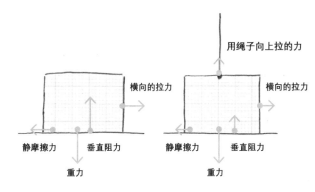

用绳子向上拉的力

横向的拉力

横向的拉力

静摩擦力　垂直阻力　　静摩擦力　垂直阻力

重力　　　　　　重力

如左图所示，拉动地板上的物体时，"重力大小＝垂直阻力大小"，"拉力"的大小是由物体放置在地板上所产生的"静摩擦力的大小"决定的。如右图所示，当把物体拴在绳子上向上拉，但不让物体脱离地面时，"重力大小 ＝ 垂直阻力大小＋向上的拉力"，随着垂直阻力减小，静摩擦力减小，拉力也随之减小

是"试图移动静止物体的摩擦力（静摩擦力）大于物体运动时的摩擦力（动摩擦力）"和"动摩擦力是恒定的，与速度大小无关"。在日常生活中，我们应该经常会有这样的体会。

例如，当推或拉很重的桌子时，在推动桌子之前要一直用力，一旦推动了，就会一下子感觉轻松了。这不是心理作用，而是运动时的摩擦力比开始运动前的摩擦力小。注射也是一样。与针头穿过皮肤时相比，针刺入皮肤的瞬间更容易让人感到疼痛。

如今，这些定律被统称为"阿蒙顿－库仑定律"。由于当时正值工业革命，他们发现的摩擦定律为提高机械性能做出了巨大贡献。

摩擦的原因是凹凸，还是分子间的吸引力呢

那么，在阿蒙顿和库仑看来，摩擦的原因是什么呢？两人都认为摩擦是由物体表面的凹凸不平引起的。这被称为"凹凸啮合说"。库仑认为，当我们试图在平面上水平移动物体时，由于彼此表面的凹凸不平，物体会反复上下运动，所以需要额外的力，而这种力就是摩擦力。我每天骑自行车上下班的路上就切身体会到库仑说的这种感受。因为在凹凸不平的道路上骑车时，我们能明显感觉到自己的身体上下晃动。

但是，与他们同时代的一些科学家对"凹凸啮合说"提出了异议，如英国科学家约翰·德札古利埃。德札古利埃观察到，切割铅球并摩擦其切面，两个切面就会粘在一起，根据这个现象，他认为，摩擦可能是由原子或分子相互吸引的力造成的。这被称为"黏附说"。虽然"凹凸啮合说"已经通过实验得到证实，但"凹凸啮合说"和"黏附说"究竟哪个才是正确的，在他们那个时代并没有定论。

进入 20 世纪，随着抛光技术的提高，人们可以将物体表面微小的凹凸打磨掉，减少摩擦，让物

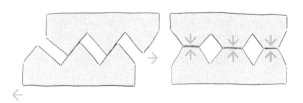
"凹凸啮合说"（左图）与"黏附说"（右图）示意图

体表面变得光滑。但相关研究发现，过度打磨反而会增大摩擦。这一现象无法用"凹凸啮合说"来解释。不久后，人们发现物质是由原子或分子构成的，于是有人尝试用分子之间相互吸引和排斥的力——"分子间作用力"（→第 60 页）来解释这种现象：经过打磨，覆盖在物质上的铁锈和污垢被去除，构成物质的原子或分子被"暴露出来"，由于分子间作用力变强，发生接触的物体相互吸引而变得难以移动。20 世纪下半叶，这一观点在实验中得到证实，为德札古利埃的"黏附说"理论奠定了基础。

真的能发明无痛注射针吗

"凹凸啮合说"和"黏附说"到底哪个才是正确的呢？现实并非只有一种情况，更多时候是各种因素复杂地混合在一起。不过，我们在日常生活中感受到的大多数摩擦都是由物体表面的凹凸不平引起的。注射器也是如此，因为人体和金属针之间是不同种类的分子接触，所以分子间作用力并不大。可以说，摩擦产生的主要原因还是发生接触的物体表面的凹凸不平。

如今，通过彻底打磨注射针表面，将表面的凹凸减少到极限的"光滑注射针"的开发工作取得了很大进展。在此过程中，注射针的内侧也需要仔细打磨。因为注射针内侧的不平整会减慢注射剂的流动，所以不仅要打磨它的外侧，还要打磨其内部，以缩短注射时间，减轻疼痛。

不可否认，打针时的疼痛感不仅因人而异，还取决于注射者的技术。尽管如此，为了让这种疼痛减轻哪怕一点点，企业和研究机构*还是付出了很多心血。"无痛注射针"的面世应该也指日可待了。

（注*）过去，一提到药物，要么是内服，要么是涂在患处。17 世纪，英国医生威廉·哈维发现了"血液循环原理"并将这一发现公之于众。他发现，当血液在遍布全身的血管中流动时，可以将身体所需要的东西输送到各个部位，同时将身体不需要的东西回收。与其等着让吃下去的药物被肠胃吸收，或者外敷的药被皮肤吸收，不如让药物直接从血管进入体内见效快。1658 年，英国解剖学家克里斯托弗·雷恩将溶液倒入用猪膀胱制成的球囊中，然后通过鹅毛羽管注射进狗的静脉，完成了历史上的第一次注射。

（注*）机器人微系统研究室用高速摄像机观察蚊子叮人时的行为，并根据分析结果进行注射针的开发研究。蚊子的口针看上去只有1根，但实际上它是用7根针管吸血——上唇、下唇、咽部各1根，上颚和下颚各2根。其中最重要的3根针管是血液的通道：上唇以及它两侧的下颚。蚊子一边用这3根针不断在皮肤上刺入拔出，一边前进，再从咽部排出唾液，防止血液凝固，然后从上唇将血吸入体内。

　　通过对高速摄像机拍摄内容的分析，研究人员发现，即使被蚊子刺到也不会感到疼痛的原因在于，其下颚的前端是锯齿状的，这样可以减少刺入体内时的阻力。根据这一发现，人们模仿蚊子口针的采血用注射针的开发取得了很大进展。未来有望使用这种注射针减轻需要频繁采血的患者的压力。

订书机 | 利用杠杆原理轻松

　　有一天，我随手拿起公司里的订书机，突然有了一种不一样的感觉，装订文件似乎比平时更省力了。我顿时以为是订书机坏了，但发现那叠纸已经被牢牢地装订在一起。这个订书机从外观上来看，似乎比之前使用的那种更有分量。我去查看制造商的主页，看到了"女性和孩子也能轻松装订"的宣传语。与以往的同类产品相比，这种订书机利用杠杆原理，使装订所需的力比原来减少了50%。确实，比起普通的订书机，它只需更小的力就能完成装订。那么，它是怎样实现这个效果的呢？

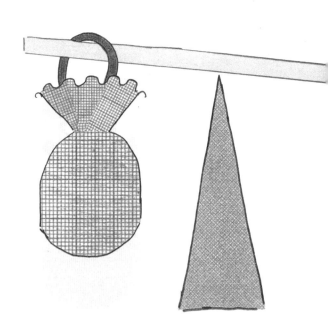

如何用很小的力让物体移动

我想很多人应该都学过杠杆原理了。当时，我们学习到杠杆是"用微小的力量推动巨大物体的机制"。杠杆通常被认为是工具，但实际上它是一种使物体移动的"机制"。

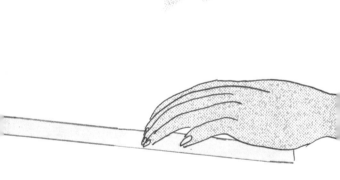

有一种将一根笔直的木棍水平放在支点上的类似跷跷板的杠杆。如果把重物挂在木棒左端，木棒会因为重物的重量而向左倾斜。这时你用手往下按木棍右端，重物就会被提起来。此时，手的位置离支点越远，提起重物所需要的力就越小。这就是杠杆的机制。

杠杆上有三个点：施加力的点被称为"动力点"，力发挥作用的点被称为"阻力点"，支撑点被称为"支点"。根据这三个点的位置和距离，可以改变施加的力和作用力的大小，这就是"杠杆原理"。

在杠杆原理中，三个点存在这样的关系：

动力点力的大小 × 支点到动力点的距离 = 阻力点力的大小 × 支点到阻力点的距离。

也就是说，如果动力点到支点的距离比阻力点到支点的距离长，作用在阻力点上的力就会大于在动力点上施加的力。

阿基米德的思想实验

虽然无法确定是谁在什么时候发明了"杠杆"这一机制，但古希腊发明家阿基米德*留下一句名言："给我一个支点，我就能撬动整个地球！"这意味着如果能在宇宙中设置一个"支点"，即使只用阿基米德一个人的力量，也能根据杠杆原理撬动地球。这是多么宏大的思想实验啊！假设可以将其实现，从动力点到支点的距离应该是一眼望不到头的几光年，甚至可能会延伸到我们所在的星系之外。毕竟地球很重。

订书机上使用了杠杆吗

在日常生活中，我们很少有机会见到只用一根木棍做成的简单杠杆。不过，我们平时使用的工具中，其实很多都利用了杠杆原理。剪刀（→第122页）、拔钉器、指甲刀等都是典型代表。

剪刀是将两根带刃的棍子重叠在一起，再用卡扣固定住中心。当剪刀的两个手柄相互靠近时，中间的卡扣就成了"支点"，两个手柄从相反的方向进行杠杆运动，使得刀刃的尖端彼此靠近。与刀刃裁剪物品的位置（阻力点）相比，手柄（动力点）离卡扣（支点）更远，所以即使是坚硬的东西也能轻松剪断。

那么，订书机呢？常见的订书机，拇指按压的地方是动力点，订书机尾部的连接处是支点，压弯订书钉的地方是阻力点。如下页图所示，就是将一根笔直的棍深深对折的结构。

仔细观察，你就会发现，拇指按压的地方（动力点）和压弯订书钉的地方（阻力点），与连接处（支点）之间的距离几乎相同。也就是说，施加的力的大小在阻力点上几乎没有变化，所以，可以说传统的订书机并没有活用杠杆原理。之所以能将硬

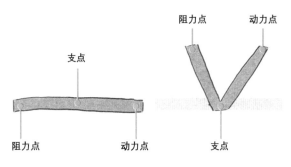

支点

阻力点　　　　　　　動力点

阻力点　　　動力点

支点

订书机就是类似于把这根棍对折的结构

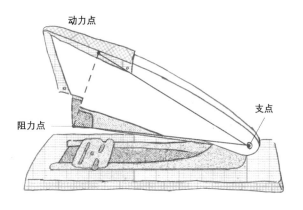

动力点

阻力点

支点

硬的金属订书钉轻松压弯，是因为按住订书机时手
完全覆盖在订书机上，可以用上整个手掌的力气。

叠加杠杆，轻松装订

那么，活用了杠杆原理的新型订书机又是怎样
的结构呢？如果想更好地运用杠杆原理，从动力点
到支点的距离就必须比从阻力点到支点的距离更长。

于是，厂家想到了"通过设置两个支点，撬动杠杆两次，以较小的力发挥较大的作用"的方法。这并非改变订书机手柄（用拇指按压的上部手柄）的长度，而是通过叠加杠杆来增加从动力点到支点的整体距离。这种新型订书机的内部，上下都有2个重叠的手柄，支点也有2个。换句话说，就是订书机里面还有一个订书机。

如下页图所示，在外部订书机（第1根杠杆，用红线表示）上，按动内部订书机（第2根杠杆，用蓝线表示）的位置（阻力点1）到支点的距离，比用拇指按压的位置（动力点1）要短。这使得杠杆原理能够发挥作用，将用拇指施加的更大的力作用于内部订书机（第2根杠杆）。

内部订书机压弯订书钉的位置（阻力点2）比外部订书机所按压的位置（动力点2）离支点更远，所以作用力较弱。但是，由于外部订书机（第1个杠杆）产生的力要大得多，所以最后施加在订书钉上的力比拇指一开始按上去的力更大，就能把订书钉压弯。这种订书机虽然外观上和以往的订书机没有什么不同，但实际使用时却能轻松地完成装订，真是不可思议。

"叠加杠杆"这件事看上去好像是重大发现，

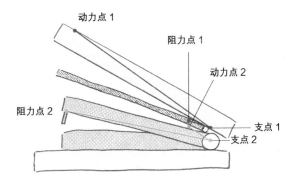

动力点1

阻力点1

动力点2

阻力点2

支点1

支点2

叠加两次杠杆的订书机构造

其实不然。举个我们身边的例子，指甲刀就是叠加了两个杠杆的工具。它的构造就像是在镊子上放了一个拔钉器（镊子和拔钉器都是使用了杠杆的工具）。

从理论上来说，杠杆可以多次叠加，其作用也会相应放大。但由于杠杆叠加的次数越多，工具就会变得越大，所以实际能够使用的工具最多只叠加2个杠杆。

在现代，智能手机和人工智能等最新技术的发展令人目不暇接，但每次想到身边的工具也在日新月异地升级着，就不由得觉得开心。

（注＊）阿基米德因发现"阿基米德原理"并识破王冠所用的黄金不纯而闻名。阿基米德原理指的是，物体在水中获得的浮力等于它所排出的水的重量。

关于这一原理，还有一个有趣的小故事：据说，当时国王委托阿基米德调查王冠是否有杂质。阿基米德准备了与王冠重量相同的金块，将它们放在天平两端，然后一起放入水中，结果天平倾斜了，于是明白了它们的浮力不同，即它们虽然重量相同，但体积不同。也就是说，王冠中含有黄金以外的其他物质。据说阿基米德在洗澡时领悟到这个原理后，高兴得光着身子就跑了出去。

葡萄酒开瓶器 好钻不好

葡萄酒开瓶器也被称为"拔塞螺丝刀"。螺旋状工具在我们身边随处可见，如螺丝、弹簧、钻头（或者螺丝刀）和螺旋楼梯等。自然界中的螺旋状事物就更多了，如蝾螺等海螺、牵牛花等植物的藤蔓，以及传递生物遗传信息的 DNA（双螺旋结构）。人类一定是从大自然里的螺旋形状中汲取灵感，才创造出了螺旋状工具的。为什么这些工具的形状是螺旋状而不是笔直的呢？

旋转着前进的螺旋

有记录可查的最早运用螺旋形状的工具是阿基米德的螺旋泵（阿基米德螺线的直接运用）。虽然不确定阿基米德是不是最先想到这个办法的人，但据说他当时就是使用这个水泵，将船里的水排出船外的。

螺旋泵的管子里有一根带螺杆的轴。当轴转动时，螺杆也会随之旋转，吸到管子里的水随着螺杆的旋转被输送上去，就像我们爬螺旋楼梯那样。因为这种结构便于运输，现在也常被用于混凝土搅拌运输车等。

螺旋泵、螺丝和钻头，如果你仔细观察，就会发现它们虽然在旋转，其实是在笔直前进。螺旋结

螺旋状工具

构的最大特征是"将直行运动转变为斜向旋转运动，使作业更加轻松"。直线运动很费力，而斜向运动往往可以减轻负担。比起一级一级地爬楼梯，沿着斜坡慢慢走上去会感觉更轻松。爬楼梯时，我们必须逆着重力将身体笔直地抬起，而在斜坡上行走时，由于斜坡能够提供支撑，我们抬起身体所需要的力就小得多。

葡萄酒开瓶器或螺丝等向下钻的时候，阻碍它们运动的不是重力，而是摩擦力。如果你将开瓶器和螺丝的螺旋拉直，就会发现它们制造了一个像斜

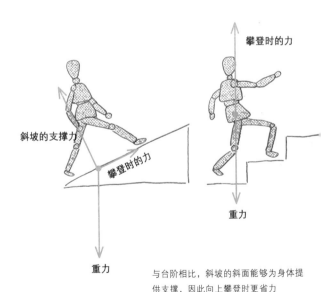

与台阶相比，斜坡的斜面能够为身体提供支撑，因此向上攀登时更省力

坡一样和缓的斜面。螺旋的结构可以减小摩擦阻力，让它们一点点钻进去，因此所需的力气比钉钉子时要小得多。

为了将软木塞一起拔出

从"容易刺入"这一角度来说，直钉也可以用锤子轻松地钉入木板。我们再来看看"拔出的难度"。葡萄酒开瓶器的主要作用是在开瓶器紧紧卡进软木塞里之后，将软木塞拔出。要想将软木塞一起拔出，葡萄酒开瓶器的尖端就不能轻易脱离软木塞。把直钉刺入软木塞可能很容易，但当向外拔时，就只能拔出直钉，无法把软木塞一起拔出。直钉只能从尖部和侧面承受软木塞的弹性力（→第60页）。显然，"刺"和"弹性"之间有着密切联系。

螺旋状的葡萄酒开瓶器与软木塞接触的面积比直钉更大，因此，从软木塞那里承受的弹性力也更大。当你试图拔出开瓶器时，夹在螺旋缝隙中的软木塞也会跟着受力，开瓶器会被软木塞的弹性力从上下左右各个方向紧紧抓住。就这样，开瓶器与软木塞互相施加力量，紧紧地结合在一起，所以只要拉一下开瓶器，软木塞也就跟着一起拔出来了。

实现像注射针一样"易扎易拔"不难，但要实

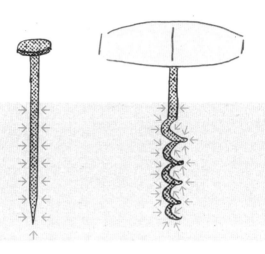

螺旋结构增加了开瓶器与软木塞的接触面积，因此很难脱落

现"易扎难拔"并不容易。螺旋结构完美地满足了我们的这种"任性"要求。

将软木塞完美拔出的方法

虽然很好拔，但还是很难用葡萄酒开瓶器顺利地拔出软木塞……遇到这样问题的人恐怕不在少数，笔者就是其中的一员。如果失误了，软木塞就会被刮得破烂不堪，最后只能用钳子将其拔出……这样一来，用力打开香槟软木塞的华丽表演也泡汤了。有没有什么能把软木塞完美拔出的窍门呢？

让我们重新回顾一下摩擦力。在"注射器"中，我们讲过"使静止物体运动的摩擦力大于物体运动时的摩擦力"（→第70页）这个定律。请牢记这一点，将葡萄酒开瓶器插进软木塞后，不要想着一口气用力拔出来，而是要慢慢地用力向外拉。这样向外拉的过程中，就会有一个瞬间忽然感觉变得轻松了。这时请保持用力，不慌不忙地继续向外拉。然后你应该就能听到令人愉悦的"啵"的开瓶声了。

通过这样的分析，我们知道葡萄酒开瓶器充分活用了螺旋的物理学原理。思考工具所蕴含的物理原理，有助于我们更有效地使用它们。只有符合原理的使用方法，才能将工具的功能最大限度地发挥出来。

端子 | 插入就会产生不可思

现代生活离不开电。电视、冰箱、吸尘器、电脑、智能手机……如果不通电，这些就都只是摆设。仔细想想，我们几乎每天都在"插"插头和充电线。把插头插进插孔后，立马就通电了，家电和电子设备也都能启动了，真是不可思议。为什么一插上插头就有电了呢？说起来，电到底是什么？让我们来回顾一下人类从发现电的真相，到学会使用电的历史吧。

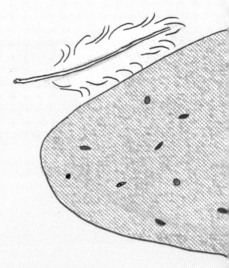

义 的 电 流

泰勒斯发现静电

关于电的最早记录，可以追溯到古希腊哲学家泰勒斯。据说，泰勒斯发现"用毛皮等摩擦琥珀，会吸引来琥珀周围的灰尘等轻巧物体"。泰勒斯的记录描述的是今天所说的静电。在古代，电就是"像琥珀一样"，也就是带有静电的东西。当时的人还不太清楚物体是如何产生静电的。泰勒斯看到琥珀在包住虫子的状态下凝固，于是认为琥珀中蕴藏着生命，所以能够吸引周围的东西。

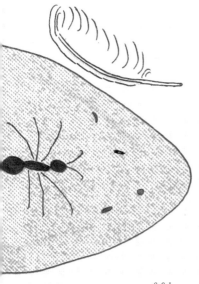

确定电的流向

随着时间的推移，进入 18 世纪，法国化学家查尔斯·弗朗索瓦·德·西斯特内·杜费发现了电有两种类型。杜费认为，不同种类的电之间相互吸引，同种类的电则相互排斥。后来，美国政治家、物理学家本杰明·富兰克林将这两种电分别命名为"正电"和"负电"。

话说回来，静电的流动就像打雷一样，一瞬间就结束了。然而，1800 年，意大利物理学家亚历山德罗·伏特发明了电池，并得到了恒定的"稳定电流"。电池被发明出来后，当时的科学家们就像得到了新玩具的孩子一样，纷纷投入关于电流的研究中。

这时有必要确定电流流动的方向了，于是大家决定暂时认定"电流是正电的流动，从正极流向负极"。

电流的真相是什么

到了 19 世纪，科学家们陆续取得了一系列关于电流的新发现。例如，德国物理学家格奥尔格·欧姆发现了电流和电压成正比的"欧姆定律"。之后，英国物理学家迈克尔·法拉第发现了发明马达和发电机的前提的电磁感应现象。再后来，英国理论物理学家詹姆斯·克拉克·麦克斯韦发表了关于电磁波（也就是电波）的研究。就这样，在不到100年的时间里，与电流相关的理论研究基本完成。

然而，1897年，英国物理学家约瑟夫·约翰·汤姆逊发现，电流是带有负电的粒子流。这种粒子后来被命名为"电子"。电子带有负电，自然会被正极吸引而流向正极。哎呀！这和大家之前认定的"电流从正极流向负极"的结论完全相反！！！

当时的人们是怎么想的，现在已经不得而知，但无论是从理论层面还是从技术层面，他们都没有发现"电流由正极向负极流动"这一观点有任何问题，于是最终大家还是保留了原本的观点。如今，无论是科学家还是技术人员，都懂得随机应变，在研究电流时默认电是从正极到负极的流动，而研究电子时就默认是从负极到正极的流动。因此，会纠结"到底哪种才是正确的"这个问题的，可能只有准备参加高考的考生。

容易导电的物体

为什么端子，如插头等接触电的部分要使用金属呢？这是因为在固体中，除了石墨这一唯一的例外，只有金属才能导电。这与原子和分子的结合有关。

随着电子的发现，原子的构造得以明确：原子中心是由带正电荷的"质子"和不带电荷的"中子"组成的原子核，电子围绕着原子核运动。人们还发现，当两种物质相互摩擦时，一种物质表面的电子会转移到另一种物质上，从而使电子的数量产生偏差，由此产生静电。原子中的电子和质子原本数量相同，并拥有同样的电量，使得原子是中性的。两种物质相互摩擦时，得到电子的物质产生"负电"，失去电子的物质产生"正电"。这样一来，我们就可以解释杜费发现的两种电了。

虽然刚才说"固体中只有金属是导电的"，但准确地说，任何物体都由原子构成，而电子围绕着原子核运动，所以其实没有什么东西是不导电的，只是容易导电和不容易导电的区别。那么，为什么固体中只有金属具有容易导电的特性呢？

原子有"金属原子"和"非金属原子"两种。

金属由金属原子组成，而我们的身体由非金属原子组成。非金属原子之间是通过两个原子间的"电子共价键"结合的，而金属是通过金属原子规律排列的"金属键"来保持形状的。

光靠金属原子如何结合？可能有人会这样问。在金属原子中，每个原子中围绕着原子核运动的电子里一般会出现 1 ~ 2 个脱离原子核的电子，这种电子被称为"自由电子"。大家不觉得这是个很棒的名字吗？自由电子飘离原子核以后，金属离子就带有了正电荷。正是拥有了正电荷的金属离子，和一开始就带有负电荷的自由电子之间的引力把金

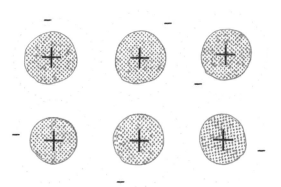

带正电荷的金属离子和带负电荷的
自由电子之间的引力将金属原子结
合在一起

属原子相互结合在一起。

当金属导体连接到电源（如电池）时，金属中的自由电子就不能再四处游荡了，而会被电源的正极吸引而开始流动。这种自由电子的流动就是电流。插头连接到电源插座上后，电子立刻就向插头的正极移动。这就是电视机能放映、电脑能启动的原因。

金属容易变形的原因

端子的接触部分使用金属还有其他原因，端子插入后不会轻易脱落，是因为很好地利用了金属的弹性。例如，USB接口是由薄金属制成的，用手指按压后会有一点凹陷，松开后又会恢复原状。啊，插入部分都制作得很精密，所以请大家在实际生活中不要做这种尝试。插入的时候略微变形的端子，进入机器后也能恢复到原来的形状，利用这种弹力，可以让端子和机器紧密接触。

实际上，金属之所以具有这样的弹性，也多亏了刚才提到的自由电子。所以，不能说它们是吊儿郎当哦。如果对玻璃等施加强大的力，原子之间的连接就会被破坏，玻璃会出现裂纹，进而破碎。但如果是金属，即使原子的位置因变形而发生偏移，周围的自由电子也会将原子引回原来的位置，因此

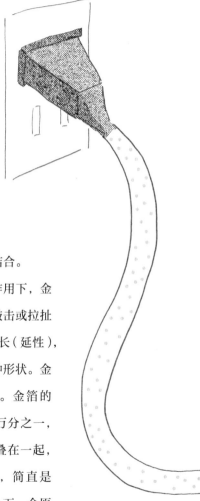

能够保持原子间的结合。

在自由电子的作用下，金属能够轻易地通过敲击或拉扯被拉薄（展性）或拉长（延性），并且可以加工成各种形状。金箔就是最好的例子。金箔的厚度是 1 毫米的十万分之一，即使把 1 万张金箔叠在一起，厚度也只有 1 毫米，简直是薄到极致。顺便提一下，金原子的直径为 288 皮米*，而自

由电子是比它更小的粒子。

因此，当电子设备出现故障时，自由电子有可能会"闹别扭"。这时，为了"哄好"自由电子，请检查一下电器是否生锈，或是否积了灰尘。锈迹和灰尘都不是金属，它们会妨碍自由电子的流动。

（注*）1皮米相当于1米的一万亿分之一。

切割工具

用菜刀把西红柿横着切开，你会看到西红柿籽像烟花一样呈放射状排列的美丽断面。但如果你把西红柿掰碎、碾碎、捣碎，就无法看到这个画面了。像这样去"切"，是需要人使用工具作业的，其中蕴含着自然之美，真是不可思议。

"切"这个词也有"分离"的意思，在本章中，我们将一起研究华丽地切断物体之间联系的各种方法。

菜刀 切断分子间的结合

在日语中，与切有关的词语有切菜、切手、切口、切啖呵[1]、切九字[2]……从语言层面来看，有很多能"切"的东西，但从物理层面来看，只有前三个真的可以切。不过，"切手"还有斩断缘分之意，"切口"也有第一个发言的意思，所以不能和"切菜"一概而论。对了，还有"切断了绑堪忍袋的绳子"[3]这句俗语。堪忍袋虽然是个不存在的袋子，但这句话描述的是袋子实在太满，把绑住的绳子都弄断了的意象，应该也可以算作物理层面的"切"吧。

---

[1] 意为厉声呵斥，痛骂一番。
[2] 九字是指"临兵斗者皆阵列在前"的九字护身秘术，切九字指的是念秘术时所做的动作。
[3] 形容一直忍耐压抑，最后不堪忍受，终于爆发，引申为忍无可忍。

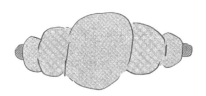

构成物体的原子和分子

归根结底，物体是由原子构成的。这里所说的"物体"，是指石头、木头、水、花、空气、布偶、钟表、葡萄酒和盛放葡萄酒的红酒杯等，包括固体、液体、气体等物质。原子是构成万物基础的微粒，有 100 多种（截至 2023 年，共计 118 种），如氢、氧、碳、铁、金等。

100 多种听起来似乎很多，但与原子的种类相比，我们身边物品的种类要丰富得多。这是因为即使是同一种原子，如果聚集方式和凝固方式不同，就会变成完全不同的物质。

例如，金属是通过"金属原子"（→第 95 页）结合的，其原子是有规律地整齐排列的。只有金原子排列的金属叫作纯金，只有银原子排列的金属叫作纯银。在金原子的集合中，哪怕只是混入了一点银或铜原子，都会变成 18K 金或 10K 金（一种与纯金性质完全不同的合金）。

由多个原子构成的分子就更多了，很多物质都由分子聚集而成。例如，水是水分子的集合体，1 个水分子由 2 个氢原子和 1 个氧原子凝结而成。

那么，氢原子和氧原子加上碳原子会构成什么样的分子呢？ 22 个氢原子和 11 个氧原子加上 12 个碳原子构成的结块就是甜甜的"蔗糖"，4 个氢原子和 2 个氧原子加上 2 个碳原子会形成酸酸的"醋酸"。它们都是由氢、氧和碳构成的，但由于聚集的数量和方式不同，所以变成了完全不同的物质。这样不同的组合，可以组成无限多种类的物质。

可以被切断意味着什么

面包和植物等有机物主要是由氢、氧和碳构成的分子集合体。这些分子中的原子不像金属原子那样有规则地排列，而是以松散的状态结合在一起的。在某些情况下，分子之间不是直接手拉着手，而是互相缠绕着固定在一起。含有水分的物体，就由水分子来充当结合的媒介。

如果原子和分子的结合较松散，外部施加的强力就会使这种结合轻易分裂。而分子集合的连接处中断，才是物体"断裂"的状态。当我们用手撕扯面包或纸张时，其实是在破坏或剥离分子之间的松散联系。

剥离构成纸的分子间的松散关系

　　像核桃或糖果这类用手很难弄碎的硬物，如果用工具碾压或用牙咬，并施加足以切断分子间联系的强大力量，受力的部分就会因为无法承受这种力而被破坏。核桃和糖果通常是在一点上施加力去弄碎，而可以将这种压力形成一条线的工具就是刀具。当然，刀具必须比切割对象更难损坏，因此它们都是用原子紧密结合而构成的金属制成的。用坚硬的金属打磨成的锋利的菜刀是一种能高效切割的工具。

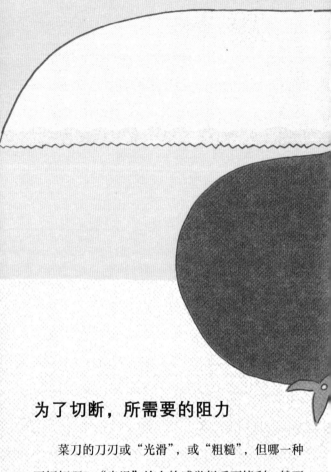

为了切断，所需要的阻力

　　菜刀的刀刃或"光滑"，或"粗糙"，但哪一种更好切呢？"光滑"给人的感觉似乎更锋利。然而，从微观层面来看，刀刃适当粗糙一些会更锋利[*]。

　　请想象一下用菜刀切西红柿的场景。当你用由坚硬的金属制成的菜刀切可以用手指捏碎的柔软的番茄时，看起来好像没什么难的。但是，当你实

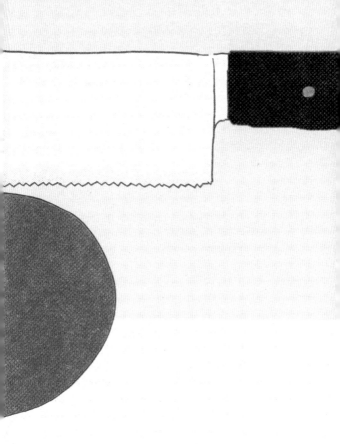

际把刀按在番茄光滑的外皮上时，刀刃会因为外皮滑溜溜的而滑动，有时候很难切。反而是表面粗糙的黄瓜，很容易就能切断。为了不让刀刃上的压力流失，有效地施加全部的力，保持刀刃不滑动非常重要。

话虽如此，我们也没法让西红柿的表皮变得粗

糙，但我们可以用磨刀石来磨菜刀，使其刀刃变得粗糙一些。菜刀等刀具，磨损后刀刃会变得圆润、光滑，致使原本锋利的刀变钝。而"磨刀"这一行为其实是在把圆润的刀刃变得锐利的同时，让刀刃上的微小锯齿"复活"。菜刀刀刃的粗糙程度用显微镜才能观察到。磨刀原来并非只是将刀上的凹凸磨平，让表面变得光滑，真是太有意思了。

适合切割柔软物体的刀刃

说到厨房里最活跃的刀具，非三德刀、牛刀等万能菜刀莫属。此外，还有薄刃包丁、出刃包丁、生鱼片刀、水果刀、面包刀等。很多人还会根据不同的目的，分别使用各种不同的刀具。

其中，最让人在意的就是面包刀的形状。与普通菜刀相比，面包刀的刀片更长，刀刃上还有锯齿。为什么它会被设计成这种形状呢？

观察一下刀切完面包之后的样子，

我们会发现刀刃上变得黏糊糊的。切生鱼片、蛋糕等油脂含量高的食物也是如此。刀上如果沾了黏性物质，刀刃的移动就会受到阻碍，使刀变钝。这就是为什么生鱼片刀和面包刀会是这种又细又长的模样。这样可以在切食物时，尽可能减轻刀因沾到食物而变得黏糊糊的情况。打磨良好的生鱼片刀只要朝着一个方向拉动，就能干净利落地切下鱼肉。

但是，烤好的面包表面坚硬，呈金黄色，而内部是发酵过程中产生的气泡直接凝固后形成的泡沫结构，比生鱼片还要柔软。而且面粉中含有蛋白质的麸质很黏，如果用长刀朝一个方向拉，质地黏着的麸质就会在切面上滚动，破坏切面。看来光把刀刃变长是不行的……于是，人们想到了"锯齿"，把刀刃做成锯齿状，就能更容易切开烤面包的坚硬表面。

另外，如果仔细观察面包刀，你会发现锯齿刀刃的部分很薄，刀背很厚。面包上又白又软的部分最容易让刀变得黏糊糊，刀片不同部位的这种厚度差异，可以最大限度地减小黏性的影响，并减小切口的变形。和切割时朝着一个方向拉的生鱼片刀不同，面包刀在使用时要来回移动刀片，一点一点地将面包切开。

是不是有种似曾相识的感觉？没错，就是锯子。薄薄的金属板上紧密排列着众多小山形刀片的锯子，也是利用长刀片一点点进行切割的工具。面包刀是为了切开柔软的面包，而锯子是为了切开坚硬的木材，虽然两者的使用目的截然不同，但它们的形态可以说都是为了切难切的东西才被创造出来的。

（注*）虽然摩擦有助于将刀尖插入，但在刀插入后，摩擦就只会拖后腿了。因为摩擦会使刀刃变得寸步难行，无论把刃面加工得多么扁平光滑，都无法消除摩擦的影响。

令人惊讶的是，减轻这种影响的竟然是食材中含有的"水分"。水是一种十分有趣的存在。洗澡时玩的积木，在被水弄湿后可以粘在墙面上，而下雨天被水弄湿的楼梯会让鞋底打滑，让人滑倒。为什么会出现这两种截然相反的现象呢？

1个水分子由1个大的氧原子和2个小的氢原子结合而成，形状很像泰迪熊的脸。水之所以能像黏合材料一样发挥作用，是因为水分子中这种两个氢原子向外突出的结构。氢具有容易与其他粒子牵手的特性，因此，水分子中向外突出的氢原子不仅会粘在其他物体上，还会让水分子之间紧紧地粘在一起，产生巨大的表面张力（→第30页）。

另外，由于水附着在上面，物体表面会形成一层水膜，被水膜包裹的物体与其他物体之间会形成水层，这种水层的流动就是"滑动"现象。切蔬菜时先快速冲一下菜刀，也是因为菜刀上的水分和蔬菜本身的水分会使刃面更容易滑动。刃面宽且平整的菜刀上容易形成水膜，在给萝卜削皮时最能体会到水膜带来的好处。

　　很久以前，我在意大利生活过一段时间。当时我频繁往返于意大利和日本之间，因此生活有些拮据，找到一家又便宜又好吃的比萨店之后，便经常光顾。在那家店里，我见到了刀片弯曲、被称为"半月刀"（Mezzaluna，意大利语中是"半月"的意思）的超大比萨刀。动作娴熟的比萨师傅拿着半月

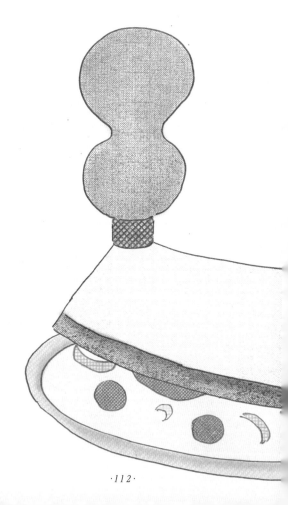

形的刀刃

刀，伴随着令人舒适的"唰"的一声，以惊人的速度将比萨两等分、四等分、六等分……在日本，人们可能更熟悉那种装有圆形刀片的小巧比萨刀。这两者的特征都是"非直线型"刀刃。为什么没有像菜刀一样笔直的比萨刀呢？

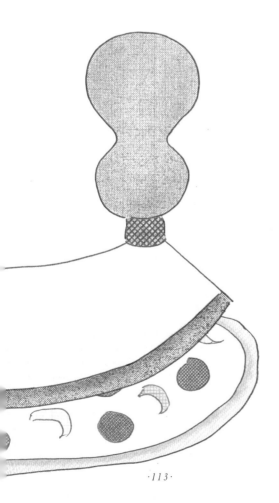

圆弧形刀片切得更快

专业的比萨师傅用半月刀将热腾腾的巨大比萨饼"一口气切开"的气势，让人看得直呼爽快。实际上，加热后融化成丝状的奶酪比面包中的麸质更麻烦。那些黏的奶酪在切的时候几乎没有沾到刀刃上。奶酪的黏性主要是由被称为酪蛋白*的物质引起的，接触面积大的菜刀瞬间就会成为它的"猎物"。如果刀尖被奶酪中的油分覆盖，刀刃也会变钝，为了避免这种情况，只能减少刀和奶酪接触的时间和面积。

为了达到这个目的，人们想到了改变整个刀片的形状。就像"流动工具"中讲勺子时提到的那样，直线与圆或弧形接触时，一定是在一点上接触（→第5页）。半月刀的刀片是弧形的，切比萨的小圆刀的刀片是圆形的，这样就能将刀接触比萨的面积控制在最小范围内。通过在点上而不是线上施加压力，瞬间将面团切开，不给奶酪留下任何沾到刀上的机会。

比直线刀更长的刀刃

圆弧形还有其他好处。接下来，我将着眼于"一口气切开"比萨表面这一点。显然，要切一块比萨，刀刃必须能从比萨的一端切到另一端。大尺寸比萨的直径有时超过 40 厘米，普通的菜刀完全不够长。没办法，就只能从比萨的一端开始一点一点地切，而且在切的过程中还要不断地与奶酪的黏性作斗争。如果想一口气切断，使用刀刃超过 40 厘米的菜刀又很危险，而且这么长的菜刀，用起来也不方便。

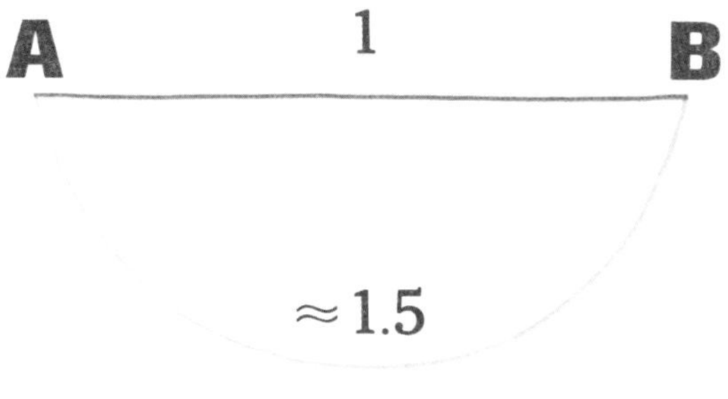

圆弧形在这里就派上用场了。如上图所示，连接 A 点和 B 点时，用弧线连接的距离比用直线连接的距离要长。求圆周的公式是"直径 × π（3.14……）"，也就是说圆周大约是直径的 3 倍，这意味着刀长相当于圆周的一半，大约是直径的

1.5 倍。举个极端的例子，如果要切直径为 40 厘米的比萨，用直径约 26 厘米的半月刀就可以了。如果用大型半月刀，只需从右向左快速倾斜，就能一下切开一张巨大的比萨。

弧形刀具在世界各国的厨房里都被广泛使用，特别是在切香料和坚果的时候。粒状东西很容易散成一片，但如果用弧形刀，就可以一点点改变刀刃的方向，在更大的范围内切。另外，接触面积越小，施加的压力就越大，所以能轻松将坚硬的坚果切碎。

无限延长的刀刃

那么，圆形刀片的情况又如何呢？在日本，经常使用的那种可以滚动圆形刀片去切的比萨刀，与半月刀相比，它的直径更短，更小巧。它是如何确保刀刃长度足够切开比萨的呢？秘密就在于圆的性质。

圆这个图形没有起点和终点。在池塘边散步时，如果你不在出发地做个记号，设定好起点和终点，这条路就没有走完的时候，可以永远走下去。即使不知不觉已经走了一圈，再次踏上同一条路，我们也常常浑然不觉。古希腊智慧巨人亚里士多德看着每天都在天空中盘旋的星星，在他的著作《论天》

中写道："圆周运动是最完美的运动。它是均匀的、无休止的、完结于自身内部的永恒的运动。"

把圆形的东西沿着地面向前滚动，它能一直前进。车轮（→第204页）就利用了这一特性。据说，车轮的出现将古代文明的发展进程向前推动了一大步。滚动圆形物体时，圆周会不停地转动，但与圆周所有位置距离相等的圆心会始终保持相同高度，并笔直地向前移动。也就是说，只要贴近圆心，就可以不受转动的影响，一直向前行进。

汽车和电车如果不是在铺设好的道路和轨道上，就无法顺利行驶。因此，那些必须在凹凸不平的地面上行驶的雪地车和坦克，则是用一条环形履带将多个车轮缠绕在一起。如此一来，有了自己的轨道，这些车辆可以不被凹凸不平的地面所束缚，无限前进。因此，这种环形履带也被称为"无限轨道"。我觉得这个名字很不错。

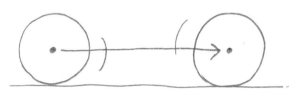

圆周在不断转动，但圆心向前平行移动

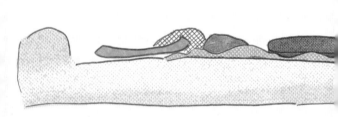

如果将刀片装到一个类似车轮的旋转体上，它就可以切割任意大小和长度的物体。装有滚动圆形刀片的比萨刀就是利用了这一点。无论比萨的直径有多大，都可以一刀切开。如果说雪地车和坦克上的环形履带是"无限轨道"，那么圆形比萨刀则更像是一把"无限之剑"。

施力均等的圆形

圆形刀片还有一个特征，就是在滚动的过程中总是施加相同大小的力。刀片中心到刀刃的距离相

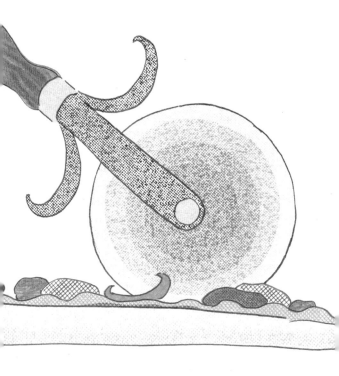

当于圆的半径，并且始终是相同的长度。也就是说，如果按压手柄的力不变，比萨就会一直受到同样大小的力。这个结构也被运用在了俗称"滚子"的地毯清洁器，以及整理草坪的整地滚筒上。这些工具滚动的不是圆盘，而是圆柱，这是因为它们的目的不是"切割"，而是"压平"。通过了解圆的特征，我们就能制作出车轮、比萨刀、整地滚筒等各种各样的工具。

回想起令人怀念的意大利生活，我又想到意大利的比萨吃法也和日本有些不同。在意大利的比萨店，外带的比萨可以切片售卖，而当你坐在店里吃的时候，一般是直接拿起刀叉，然后一口口地吃一整张不切片的比萨。

食物就是一个国家的文化，因此，对于日本人那种用比萨刀把一块比萨切开，大家一起分享的吃法，意大利人或许会有异议。但是，从物理学的角度来看，我认为两种都是巧妙地利用了圆弧特性且具有划时代意义的工具。

（注*）牛奶中含有的蛋白质。

剪刀 | 用空中的支点撬动

　　据说螃蟹的蟹钳有两种：一种是为了弄碎贝壳而用力夹住的"不易脱臼型"，另一种是为了铲泥时即使不小心夹到石头等硬物，也不会折断的"容易脱臼型"。只是一把蟹钳，就已经很深奥了。我们平时也会竖起食指和中指，比"V"字，即用两根手指不停靠近再分开来表示剪的动作。猜拳时出的"剪刀"，模拟的就是将两片刀刃固定在一个点上，进行开合的剪刀，从物理层面来看也毫无破绽。

杠杆的思维方式

　　剪刀是利用了"杠杆原理"的工具。一讲到杠杆，就会出现"动力点""支点""阻力点"等术语，我经常听到有人说不知道哪个位置是哪个点。那么，接下来就请思考一下向工具施加力的点，以

干

及工具起作用的点分别在哪里。如果是小刀，握住刀柄，如果是铅笔，握住笔杆，然后用那只手使力，拿刀切面包，用笔写字。用手指等对工具施加力的部位称为"动力点"，而刀尖或笔尖等工具作用于某物的部位称为"阻力点"。虽然这些名称听上去很有物理学的感觉，但从字面意思来看，还是很容易理解的。

利用了杠杆原理的工具，一定会有固定不动的部分。它可以作为支撑使力增大，也可以将力很好地传递到不同的方向。因为是不动的点，所以原本应该称其为不动点或固定点，但因为它又具有支撑整个运动的意义，所以被称为"支点"。

顺便一提，我们常称赞其美味的蟹钳根部，就是蟹钳的支点，也就是肌肉和关节膜的部分。

U形剪和X形剪的区别

　　剪刀大体可以分为两种类型：U形的裁缝剪和X形的剪刀。剪刀的历史悠久，U形剪刀是古希腊时期牧羊人用于修剪羊毛和整理毛织品上线头的工具。罗马帝国时期出现了X形剪刀，用于切割坚硬的金属等。

　　虽然这两种剪刀都利用了杠杆原理，但比较一下U形剪刀和X形剪刀就会发现，两者"动力点""支点""阻力点"的位置并不相同。请看下图。三个点在X形剪刀上的排列顺序是"动力点—支点—阻力点"，而在U形剪刀上则是"支点—动力点—阻力点"。乍一看似乎只是外形不同而已，但实际上它们各自发挥的力的大小也不同。

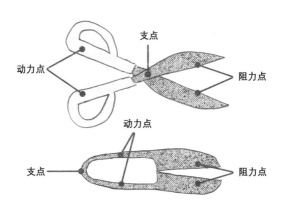

综上所述，根据"动力点"（施力点）、"支点"（支撑物体的不动点）和"阻力点"（物体受力点）之间的位置关系，杠杆可以大致分为三类。让我们来看看这几种杠杆各自的特征吧！

正统的"第一类杠杆"

X形剪刀是以支点为中心，按照"动力点—支点—阻力点"的顺序排列的，这被称为"第一类杠杆"。很多人一听到杠杆，就会立刻想到下面这幅图中的杠杆。这种杠杆的支点在动力点和阻力点之间，所以属于第一类杠杆。三个点以这种方式排列时，"动力点—支点"的距离比"阻力点—支点"的距离长得越多，就越能将很小的力放大。

杠杆即使没有支点也能发挥作用。例如，只要

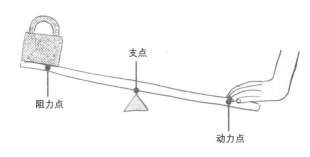

把一根棍子稍微折弯一点，弯曲的部分就会成为支点，将动力点上施加的力在阻力点上放大。L形撬棍和拔钉就利用了这一机制。

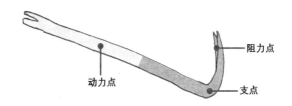

X形剪刀既不需要放在平台上，也不需要折弯，而是以固定在中心的卡扣为支点，两个杠杆分别朝相反的方向运动。由此可见，同一种杠杆的使用方式可以演变出各种不同的工具。

被活用于体育运动中的"第二类杠杆"

"第二类杠杆"按照"动力点—阻力点—支点"的顺序排列，以达成与第一类杠杆一样，将较小的力放大的目的。支点位于最外侧，所以"阻力点—支点"的距离一定比"动力点—支点"的距离短。因此，它能够向阻力点传递比施加的力更大的力。

开瓶器就是利用第二类杠杆的代表性工具。它的使用方法是，握住手柄（动力点），将另一个有孔的前端（支点）挂在瓶盖上，用中间的金属部件（阻力点）将瓶盖的边缘向上推。在第一类杠杆上，动力点和阻力点产生的力是相反的，而在第二类杠杆上，动力点和阻力点上的力是同向的。

举个特别的例子，手划船的桨和滑雪用的手杖，也利用了第二类杠杆。插入水中或雪中的桨和手杖的前端就是"支点"。由于水或雪的阻挡，前端被固定，起到了支点的作用。手抓桨和手杖的位置是动力点，在支点和动力点之间的阻力点，推动小船和滑雪板向前移动。

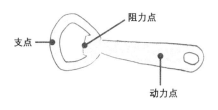

阻力点
支点
动力点

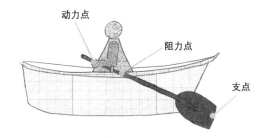

动力点
阻力点
支点

适合精细操作的"第三类杠杆"

像U形剪刀那样按照"阻力点—动力点—支点"的顺序排列的杠杆被称为"第三类杠杆"。在这种排列方式中,"阻力点—支点"的距离比"动力点—支点"的距离长,所以在阻力点上作用的力比施加的力小。有人可能会觉得,这样一来,杠杆不就失去意义了吗?事实并非如此。虽然这样的杠杆不能将较小的力放大,但可以将施加的力细微地反映在阻力点上,所以更容易调整力度,能进行更精细的操作。当剪细线时,U形剪刀是非常有用的工具。如果在作用点上连接一个尖细的夹头而不是刀片,就会变成化学实验和医疗实践中常用的镊子。

说句题外话,人体也有可以通过杠杆原理来解释的动作。如果把连接骨头的关节看作支点,在附着在骨头上的几根筋(动力点)上施加力,指尖和脚尖(阻力作用)就会动。例如,弯曲肘部时,肱三头肌等外侧肌肉一般会形成第一类杠杆(动力点—支点—阻力点),所以会做出强有力的动作,而肱二头肌等内侧肌肉则会形成第三类杠杆(阻力点—动力点—支点),可以更好地做出细致的动作。

通过改变"动力点""支点""阻力点"之间

的位置关系，我们就可以改变杠杆的作用，激发更大的力或对力进行细微的调整。

在空中制造"支点"的剪刀

剪刀几乎是每个人都会使用的工具，在生活中必不可少。它一边在空中自由自在地飞舞，一边剪开新衣服的标签、捆蔬菜的胶带，以及玄关处快递的包装纸。如今，捆扎快递的塑料绳都被换成了质地坚硬的 PP 捆绑带，如果没有剪刀，很难想象要如何把它弄断。

虽然菜刀和剪刀都是切割工具，但因为菜刀是通过来自一个方向的压力来切割食物的，所以如果没有砧板这样的"支撑"，它就无法顺利地切割。而剪刀最大的特征是，它可以自己制造出施加力的支撑。就像砧板之于菜刀一样，多出来的那个刀片，可以让剪刀悬空切想切的东西。当我们握住剪刀的手柄合拢时，两个刀片就会彼此靠近，夹住要剪的东西。裁剪对象被两个刀片牢牢地固定，从相反的方向挤压，确保其不会脱离剪刀，从而完成裁剪。换句话说，彼此的刀片是对方进行切割的支撑*。

虽说剪刀可以在空中随意活动，但最好不要晃动它，这样才能更好地裁剪。因为只有支点保持不晃动，手指上的力才能很好地传递到刀刃上。寄席 [1] 里表演"剪纸"的艺人，剪纸时并不是通过移动剪刀，而是巧妙地移动手里的纸来完成创作，虽然有表演的成分，但我还是由衷觉得这是一种充分了解剪刀本质的技艺。

---

[1] 日本江户时期的一种娱乐活动的场所，类似于现代的饭店或酒吧。

（注*）请试着想象一下，非剑术高手的我们能用剑把挂在藤蔓上摇摇晃晃的葫芦利落地砍成两半吗？砍到葫芦可能不难，但我认为，我们终究无法像画中描绘的那样，在葫芦上砍出利落的切面。这是因为即使从一个方向向葫芦施力，葫芦也会因为没有支撑而随着我们施力的方向移动，让刀无法扎实地砍到葫芦。

　　如果古希腊牧羊人用类似刀的工具来剪羊毛，他们需要抓起每一根羊毛，然后使劲把它拉直后再拿刀去割，否则就无法顺利把羊毛切割下来。这恐怕要花费大量时间在割羊毛上，而且一不留神，还有可能会划伤羊皮。

砂纸 | 用面磨平凹凸

　　摩擦带来的影响之一是磨损。所谓"磨损"，指的是物体表面因摩擦而削去一部分的现象。鞋底变薄、菜刀变钝、轮胎上的凹槽变浅，都属于磨损。看到我举的例子，大家可能会觉得磨损是一种令人困扰的现象，但事实并不尽然。

摩擦抛光

　　大家知道海玻璃吗？走在沙滩上，有时你会遇到像宝石一样光滑的半透明玻璃，那就是海玻璃。海玻璃是被人丢弃的玻璃瓶等玻璃制品的碎片，经年累月接受海浪的冲刷和沙子的摩擦而形成的。沙子和玻璃发生摩擦，更柔软一方的表面就会被破坏，而坚硬的玻璃上则会留下无数细小的划痕，最后整

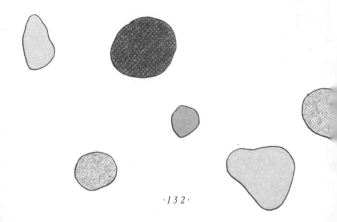

体变成灰蒙蒙、表面光滑的弧形海玻璃。就像海玻璃一样，物体在磨损的过程中，表面会变得光滑，污垢会被去除，棱角也会被磨平。

人工进行磨损称为"抛光"。新石器时代，在打制石器的基础上，又出现了用石头和沙子打磨的磨制石器。现在有抛光用的抛光剂，以前人们用石头、沙子等身边的天然材料抛光。用来抛光的材料必须比被抛光的东西更坚硬。在希腊克里特岛上，考古人员发现了距今约2000年的青铜锉，这表明金属在那个时代就已经被用于抛光了。与其他材料相比，金属的质地要坚硬得多，所以作为抛光用的材料最合适不过。如今，将铁变得更坚硬的材料——钢铁，经常被用于抛光。

用坚硬的东西抛光

那么，如何测量物体的硬度呢？事实上，我们并没有通用的测量方法或单位来测量物体的硬度。在物理学中，硬度指的是"受到其他物体作用力时变形的难易程度"。物体的变形有磨损、断裂、弯曲、伸缩、扭曲等很多种方式，根据物体的材质、形状、作用力的大小和方向等条件的不同，变形的方式也不同。因此，根据不同的用途和目的，存在各种不同的测量方法和对硬度的定义。

例如，矿物或矿石的硬度用"莫氏硬度"来表示。这是一种将想要测量硬度的物体和作为硬度基准的物体相互摩擦，根据哪个有损伤来进行测定的方法。莫氏硬度分为 10 个等级，硬度 1 的物体脆弱得用指甲就可以划伤，硬度在 7 以上的物体比人工制品还坚硬。硬度为 10 的物体只有钻石，它是地球上任何物质都无法损伤的最坚硬物体。红宝石、蓝宝石、钻石等硬度在 7 以上的物体因珍贵而作为珠宝首饰很受欢迎。不过由于它们可以人工制作，所以也作为抛光材料被广泛使用。

在日本，自古以来，人们一直将接骨木的茎和糙叶树坚硬的叶子背面当作砂纸来使用。12 世

将想测量硬度的石头和作为基准的石头摩擦，
通过看哪一块受损来测定莫氏硬度

纪前后，欧洲人开始使用干燥后的鲨鱼皮作为砂纸（鲨鱼皮的效果应该很好），之后又用黏合剂将硬度较高的红宝石、蓝宝石等矿物涂到布料或纸上，制成砂纸。

互相磨损

这一章的主题是"切割"。但说到底，砂纸并不是切割工具，而是用来打磨的工具。也许有人会这么想。当然，它确实是打磨工具，但打磨也可以算作切割的一种形式。如果说破坏构成物体的原子和分子之间的联系是"切"，那么用面而不是线进行的切割就是"打磨"。

砂纸是一种能够高效地打磨物体表面的工具。

抛光是人工磨损物体的行为，而磨损是伴随摩擦而来的现象，这一点在开头我已经提到过了。一般来说，凹凸越多，摩擦越大；凹凸越小，摩擦越小，物体表面也就越光滑。砂纸按照研磨粒子的细小程度，分为粗目、中目、细目等各种等级，可以从最大的凹凸开始，逐步打磨。

不过，砂纸虽然能使物体表面光滑，但砂纸上尖锐的砂粒会被磨掉，或因为从底纸上脱落而造成磨损。抛光时不可能只有其中一方被打磨。因为彼此的凹凸相互接触产生摩擦，所以两者都会被磨损。

橡皮也是一样的道理。用橡皮擦除铅笔附着在纸上的石墨颗粒时，由于石墨颗粒与橡皮的摩擦大于其与纸的摩擦，所以它会附着到橡皮表面的凹凸处，并在纸上滑动。橡皮用强大的摩擦力将石墨颗

#80　　　　#200　　　　#600

粒卷起并从纸上剥离，同时自身的一部分也会被磨掉。无论是砂纸还是橡皮，正如字面意思一样，都是用"粉身碎骨"的献身来打磨物体表面的[*]。

　　话说回来，虽然我想没有人会因为心爱的东西脏了，就拿砂纸去搓，但大家经常会使用纳米海绵。因为纳米海绵只需用水就能去除污垢，无须使用洗涤剂，用起来让人安心，所以它已成为清扫时不可或缺的工具。然而，纳米海绵其实是由类似塑料的树脂发泡凝固而成的，因为海绵里含有空气，所以乍一看给人一种柔软的感觉，但实际使用时它就是在用坚硬的东

西磨除污垢，性质和砂纸差不多。如果人们没有意识到它们是在通过刮擦物体表面来清除污垢的，就会发生悲剧。如果你用纳米海绵擦拭有涂层的物体，如防雾镜、喷漆车身和软金属等，立刻就会在表面留下细小的划痕，污垢渗进划痕后，会使表面变得更脏。请一定要注意这一点。

（注＊）摩擦会产生热。当用砂纸之类的东西抛光的时候，为了避免太热，我们需要一边喷水一边操作。让我们从原子和分子的角度来思考一下这个问题。根据黏附说（→第 72 页），相互接触的原子、分子会相互吸引。如果用外力强行将其拉开，双方的原子、分子的振动就会变得活跃，产生发热现象。拉姆福德伯爵（→第 192 页）之所以能发现热的本质，也要归功于摩擦。

　　摩擦会产生热量，冷的时候通过摩擦身体来取暖就是很好的例子。地球之所以没有被陨石砸得坑坑洼洼，也是因为陨石与大气的摩擦会使其燃烧殆尽。

如何将颗粒均匀地粘到砂纸上

砂纸上的砂粒均匀地附着在纸上，但你知道它们其实是利用了静电。物体与物体相互摩擦时产生的静电，摩擦和静电之间的关系真是深奥啊！

具体来说，人们是用以下方法粘贴砂粒的。

首先，连接电源正极的金属板带正电，连接电源负极假设负极金属板在上，正极金属板在下，当传送带上的就会得到金属板上的正电。与此同时，在上面的金属板传送带会将附有黏合剂的砂纸底纸面朝下运送过来。

带正电的砂粒会被带负电的底纸吸引并向上飞，然后这样一来，砂纸就制成了。

复印机也采用同样的方式运作。让调色剂（附着和纸都带电，从负极向正极转印调色剂，再用热定影如果你想让毛绒玩具、地毯、汽车漆等均匀地粘贴在一也会用到静电。

占在砂纸上的吗?

舌用到了砂纸的制造上,

金属板带负电。

通过下方的金属板时,

郓黏到底纸上。

顷料的带电性塑料粒子)

之外,

制作美味沙拉的诀窍在于，一定要将洗好的蔬菜沥干。如果最重要的蔬菜都湿漉漉的，就算浇上好吃的沙拉酱，沙拉也不会好吃。为了避免这种情况发生，最可靠的工具就是沥水篮。把洗好的蔬菜放进沥水篮，水就会随着重力从沥水篮的网眼里滴落下去。

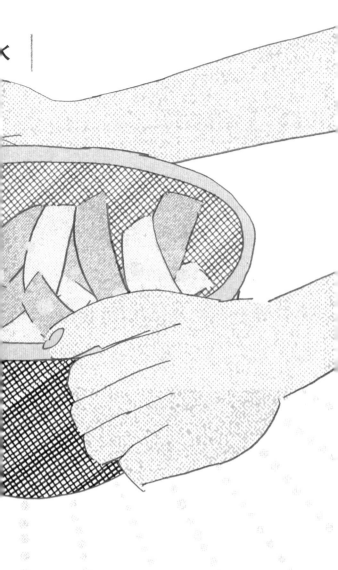

但在繁忙的日常生活中，我们根本没有等水慢慢滴落的时间和闲心。在大多数情况下，我们会轻轻晃动沥水篮。如果着急，我们还会在沥水篮上罩一个碗，以防蔬菜飞出来，然后用力地上下晃动。为什么这样做就能把水快些"沥干"呢？

晃动会让水飞出去

这背后潜藏着"惯性定律"。所谓"惯性定律"，就是"物体在没有外力作用的情况下，静止的物体会继续静止，运动的物体会继续运动"。简单来说，就是滚到地板上的球，只要不与地板发生摩擦，就会永远滚动下去。

将洗好的蔬菜放入沥水篮，然后端着沥水篮用力向下甩，根据惯性定律，蔬菜和蔬菜上的水滴会离开沥水篮，但蔬菜的下落被沥水篮阻止了，而附着在蔬菜上的水滴会穿过沥水篮的网眼并在重力的作用下继续下落。所以只要上下晃动沥水篮，就能沥干水分。

为什么惯性定律会成立呢？这是因为所有事物都有一种持续保持运动状态的名为"惯性"的特性。你可能认为，这根本算不上什么解释，但"为什么物体会有惯性"这个问题已属于哲学领域的范畴，而不是物理领域。在接受"所有物体都具有惯性"这一事实的基础上构建理论，这就是物理学的思考方式。

伽利略发现的惯性定律

大家知道惯性定律是什么时候被发现的吗？最早发现这一定律的是文艺复兴时期的意大利物理学家伽利略·伽利雷*，他也被称为"近代科学之父"。伽利略在关于惯性定律的天文学著作《关于托勒密和哥白尼两大世界体系的对话》中写道："如果站在一艘移动的船的桅杆（为了张开船帆而竖在甲板上的一根竖直的杆子）上往下扔石头，石头在离开手后会继续沿着桅杆下落，与船静止时相比，它落地所用的时间和落下后的位置（紧靠桅杆）都相同。如果没有惯性定律，船会向前移动，而石头会直接下落，所以船前进了多少，石头就会落在桅杆后方相应距离的位置。石头落在桅杆旁边，且落地所用的时间也相同，这说明石头离开手之后，在下落的过程中是按照惯性定律，以与船相同的速度继续前进的。"

伽利略认为，无论船是否移动，从桅杆处扔下的石头都会在同一时间、同一位置落下，因此，掉落的石头也与船前进了一样的距离。

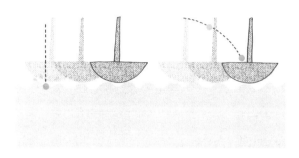

如果石头与船不是一起移动的，只有船在前进，那么石头就会掉进海里（左图）；石头会落在桅杆旁边，说明石头是与船一起前进的（右图）

　　如果你对伽利略的研究不感兴趣，请试着这样想象一下。地球正在自转，赤道附近的自转速度大约是 1700 千米 / 小时。如果惯性定律不成立（也就是说，我们在原地跳跃并停在空中的时候，不会随着地球的自转而移动），我们每跳 1 秒，就会在地球上移动大约 470 米。这意味着即使我们不乘坐电车或公共汽车，只要跳几次，也能朝着与地球自转方向相反的方向移动相当长的距离。然而，在现实生活中，这种像电影和游戏情节一样的情况是不可能发生的，即使再怎么在原地用力起跳，我们还是会稳稳地落在原来的位置。这是因为即使双脚离开了地面，我们的身体仍然会以与地球自转速度相同的速度向同一方向运动。

当伽利略支持哥白尼的"日心说"时，周围的学者都主张："如果松开手，物体就会掉到正下方，这是地球不会运动的证据。如果地球在运动，物体就应该掉到别的地方。"对此，伽利略的回答就是前面提到的那段引文。伽利略以惯性定律等为基础主张了"日心说"，但在罗马教会权力强大的时代，"日心说"被认为是威胁教会的思想而不被接受的。

转动沥水篮，沥干水分

说回沥水篮。最近还出现了名叫"沙拉脱水器"的东西，是一种通过转动把放在里面的东西沥干水分的篮子。这是将碗、沥水篮和盖子组合在一起的便利小工具。将洗好的蔬菜放入沥水篮，然后盖上盖子，转动盖子上的手柄，沥水篮中的水分不知不觉就沥干了。

沙拉脱水器以旋转代替了上下晃动，但在利用惯性定律这一点上，原理与普通沥水篮一样。关于"通过旋转沥干水分"这个方法，我觉得通过下面的例子会更容易理解。

乘坐公共汽车时，我们的身体可能会不自觉向后倾斜。起步时，紧贴公共汽车的脚会向前移动，

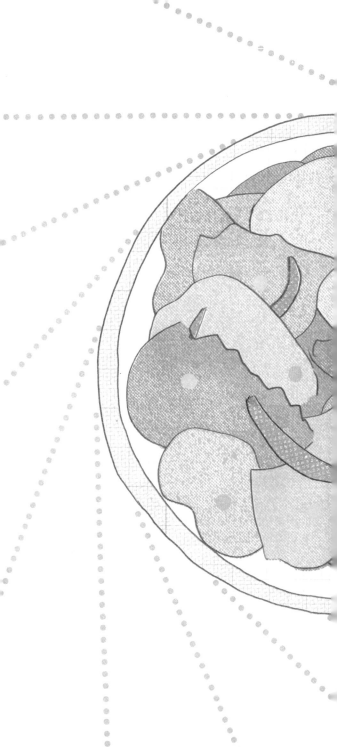

但身体为了停留在原地，会因为惯性而向后倾斜。相反，停车的时候，即使脚和车都停了下来，身体也会继续向前倾。此外，当车左转时，身体也会因为继续保持直行而向右倾斜。沙拉脱水器工作时的状况与公共汽车转弯时异曲同工。

转动沙拉脱水器的把手，沥水篮里的蔬菜就会跟着转动起来。蔬菜试图往前飞而不是旋转，就像公共汽车上的乘客在转弯时那样，但被沥水篮挡住了。与此同时，蔬菜上的小水滴会从沥水篮的网眼直接飞出去。洗衣机甩干衣服，以及小狗通过左右摇晃湿漉漉的脑袋把水甩掉，都是一样的原理。

我们身边的常见现象和不经意的动作都有惯性的影子。比如无意识地将湿伞"咚咚"地砸在地板上，就是利用惯性的一个很好的例子。惯性指的是不喜欢变化的东西的属性，也被称为"惰性"。虽然沥干水分很简单，但就像每天早上都要挣扎一番才能从被窝里爬出来一样，要斩断我们平日里的惰性相当困难。

（注*）伽利略被称为"近代科学之父"，因为他是第一个以实验和观察为基础建立理论的科学家。在伽利略之前的学者，大都推崇亚里士多德的观点，而且不用实验验证。亚里士多德认为，重的物体下落得快，轻的物体下落得慢。在伽利略所处的时代，大多数学者对此深信不疑。

　　但是，伽利略从比萨斜塔上扔下不同重量的物体，确认了它们几乎同时落地。他认为，如果考虑空气阻力，任何物体都会"同时"落地。伽利略是否真的做了这个实验，众说纷纭，但确实留下了记录。此外，伽利略还经常使用从"思考实验"中推论出定律的方法。船的桅杆实验也是《关于托勒密和哥白尼两大世界体系的对话》中记载的实验之一。

离心力是虚幻的力吗

我们经常能在沙拉脱水器商品说明栏里看到"利〔

这在物理相关工作者看来是一种错误的表达。因为离〔

也就是说，它实际上并不存在，可以说是"错觉""幻〔

为了便于理解，请大家回想一下刚才提到的公共〔

其实，这个现象存在两种视角。

车起步时，在站在公共汽车站的人看来，车上的〔

那么，车上的乘客自己是什么感觉呢？

车起步时，乘客会感觉有一股与行驶方向相反且〔

此时乘客感受到的力被称为"惯性力"。从乘客的角度来〔

像车转弯时那样，旋转运动或接近旋转的运动中〔

然而，只有乘客才能感受到车起步时包括离心力在内〔

再来思考一下沙拉脱水器的情况。从沥水篮中一〔

的。然而，对我们这些没有和它们一起旋转的人来说〔

换句话说，"利用离心力让水飞走"是站在沥水篮里〔

而对我们这些使用沙拉脱水器的人来说，正确的说法〔

洗衣机的广告也是如此。如果要让"利用强大的〔

意味着我们必须和衣物一起旋转。

即使是同样的运动，根据位置的不同，人们看到〔

非常重要的概念，即所有的运动都是相对的。

飞出的水滴因为惯性向切线方向前进，但是在旋转的蔬菜中，水滴看起来像是从外面受力（离心力在工作）

力让水飞走"的文字。

下是客观存在的力，

力。

例子。

因为惯性而向后倾斜了。

的力量在推着自己。

是"由于惯性，身体向后倾斜了"。

力被称为"离心力"。

力在起作用，等车的人是感受不到的。

为蔬菜的角度来看，水滴似乎是被离心力赶出沥水篮

以乎只是习惯性地向前直行。

角度看到的现象，

"由于惯性，水飞出去了"。

将衣物甩干"这句话成立，

则的也不同，这是爱因斯坦的相对论中一个

保持工具

正如那句名言"川流之水不绝，但非原本之水"所说的那样，世间的一切都在发生变化。随着时间的流逝，有形的东西会损坏，多彩的东西会褪色，温暖的东西会逐渐冷却。

但是，人们面对这种自然的流逝，发起了果敢的挑战。"保持工具"就是这种挑战的集大成者。想把散落的东西收集起来，想让温暖的东西一直保温……希望大家能明白，保持工具就是用来将这种心情和想法（或者"爱"）保存下来。

我当老师时经常会看到很多可爱的文具。拿回形针来说，就有带粉色或蓝色涂层的、模仿动物剪影的……各式各样的设计总能给人新鲜感。即使是朴素的事务联络文件，只要用上这种可爱的回形针，也会让人备感温馨。文具的确是能活跃学校和职场生活的存在。

利用弹性力保持状态

回形针是一种可以将容易散乱的文件整齐地夹在一起"保存"的方便工具。虽然有各式各样的形状，但结构都是一样的，都是"在卷了一圈半的铁丝中间夹纸"。回形针是利用铁丝被手指撑开后恢复原状的力——铁丝的弹力，来夹住纸张的。叉子也是利用了食物的弹力来拿起食物的（→第 59 页）。

像回形针这样利用弹力来"保持"某种状态的工具还有很多，如橡皮筋，它是通过收缩的力绑住蔬菜和零食袋子。还有保鲜膜，利用张开后收缩的力，紧贴住容器边缘，达到防止空气侵入的目的。

只用一根铁丝就能夹住一沓纸

谁都知道，一根笔直的铁丝是夹不住纸的。说到底，又细又硬的铁丝根本不可能具备能夹住纸的弹性力。但是，看起来不会伸缩的铁丝也有弹性。如果将横截面为 1 平方毫米、长 10 厘米的铁丝竖起来并固定住顶端，然后在底部悬挂 100 克的重物，铁丝整体会延长大约 0.00005 厘米。

把同一根铁丝横过来试试。将水平放置铁丝的一端固定，然后在另一端同样悬挂 100 克的重物，铁丝长度就会比笔直状态下延长约 2 厘米。这是因为虽然铁丝各处的变形本身是相同的，但当铁丝水平放置时，变形的方向略有变化，越往末端变形越严重，变形越严重，弹性力，也就是恢复原状的力，就越大。由于物体的变形程度与所受外力的程度相当，弹力又与变形程度相当，所以物体所受的外力和弹力大小相同。

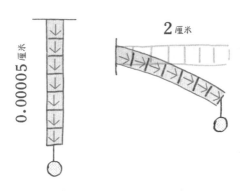

铁丝各处的变形本身是相同的，但当铁丝水平放置时，由于变形的方向略有变化，越往末端变形越严重

用来固定头发的发卡，就是利用了铁丝横向弯曲时产生的弹力。当你试图将笔直铁丝对折后制成的发卡向外伸展时，会产生向内的弹性力。对于回形针，还要再多绕一圈半。缠绕之后，弹力会比对折时更大，就能用更大的力将纸张牢牢固定住了。

弹簧增加圈数会发生什么

如果增加圈数，会发生什么呢？将铁丝一点点地错开缠绕在棒状物上，就可以制作出我们平时常见的"弹簧"。像这样缠绕起来的弹簧被称为"螺旋弹簧"，因为富有弹性，所以常被用在床垫等生活物品上。

螺旋弹簧于 1543 年前后作为步枪的零件被带入日本种子岛。1660 年，英国物理学家罗伯特·胡克发表了"胡克定律"*。胡克发现，"在弹簧上施加的力与其伸缩的长度成比例"。也就是说，如果施加在弹簧上的力加倍，弹簧伸展（或收缩）的长度也会加倍。

螺旋弹簧有多种类型，比如圆珠笔中的按压弹簧和自行车支架中的拉伸弹簧等。尽管施力方式和变形方式不同，但如果我们将胡克定律中的"伸缩的长度"替换为"变形量"，该定律就"几乎"适用于所有弹簧。之所以说"几乎"，是因为当施加的力超过弹簧的极限时，弹簧就不是发生变形，而是断裂或被折断了（弹性极限→第 61 页）。

螺旋弹簧经过缠绕，其伸缩的范围比原本直的铁丝大了很多。观察一下圆珠笔里的小螺旋弹簧。按压圆珠笔时，为了不重叠而错开缠绕的铁丝会慢慢扭曲。扭曲也是变形的一种，弹性力的作用就是使其恢复原状。螺旋弹簧各部分的扭曲叠加之后，螺丝就可以轻易伸缩了。

放大扭曲的回形针

弹簧有很多种。回形针是片状弹簧，发条是旋转式弹簧。回形针是成型钢丝弹簧中的一种，顾名思义，成型钢丝弹簧是由细钢丝弯曲后制作而成的，除了回形针，还有发卡和打泡器。成型钢丝弹簧虽然可以随意加工成各种形状，但也很快就会超过弹性极限。尽管它也是弹簧，但胡克定律在这里并不适用。

虽然成型钢丝弹簧的整体弹力不及圈数更多的螺旋弹簧，但由于回形针是在平面上卷成螺旋状的，

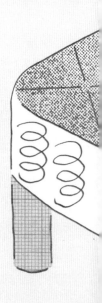

所以用手指展开时的扭曲程度要比螺旋弹簧大。我想大家应该没有以这种视角观察过回形针，所以请你一定要用手指将回形针撑开，并对比一下螺旋弹簧弯曲部分的扭曲程度。通过增加扭曲程度——尽管只有一圈半，回形针也能产生足够的弹力来夹住纸张。

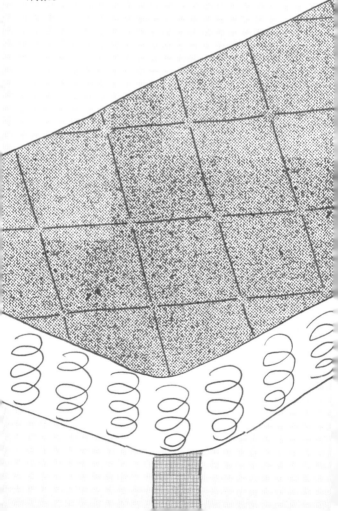

拉伸回形针或螺旋弹簧，就能将其恢复成一根铁丝。通过将一根平平无奇的铁丝折弯来提高弹力，到发现弹簧的规律，再到发展出今天弹簧的各种用途，我们不得不佩服先人们的智慧和探索精神。弹簧的作用小到可以夹文件，大到可以支撑交通工具和建筑物，是我们生活中不可或缺的存在。弹簧是如此"勤奋"，所以下次更换笔芯的时候，如果弹簧不小心飞出来了，也请不要生气，温柔地对待它。

（注＊）"胡克定律"不仅适用于弹簧，还适用于橡胶等所有有弹性的物体。该定律指出，施加的力与材料的伸长或收缩成正比，这个比例称为"弹性常数"。对于弹簧，则称为"弹簧常数"。计算公式如下：

施加的力（弹力）＝ 弹簧常数 × 伸缩

弹簧常数表示弹簧的"硬度"。弹簧常数越大，缩短或拉伸时所需的力就越大，也就是说，弹簧就越"硬"。床垫用的就是那种由粗铁丝制成的硬弹簧。就像床垫上的弹簧那样，弹簧常数大的弹簧即使稍微收缩，恢复原状也能产生很大的弹力，所以能够很好地支撑身体。简言之，不容易收缩的物体不容易恢复原状，容易收缩的物体也容易恢复原状。

拉链 | 利用咬合力闭合

拉下打开，拉上合拢。上衣和裤子上不可或缺的这种开合部件，大家是如何称呼它的呢？开会讨论本书内容时，编辑说叫拉锁，而我说叫拉链，大家说什么的都有。衣服上使用的条状拉链似乎叫"拉链带"[顺带一提，"拉链"（zipper）这个词来自拉锁开合时的拟声词"zip"，拉链刚开始在日本投产时，被称为"拉绳"]。拉链是我们日常生活中经常使用的配件，但大家知道它们背后的原理吗？

便利的钩状工具

拉链一旦拉上，只要不动拉片，基本不

会松开。但只要拉动拉片，就能轻松拉开。要说拉链为什么能那么轻易地开合，用一句话概括，就是因为使用了"钩状"零件。

说到钩状物，人们常常会想到猫或鹰等动物的爪子。向内弯曲的锐利爪子可以更好地捕捉猎物、抓住地面或挂在树上以支撑身体。正如考古学家在古代遗迹中发现的太古时代的鱼钩*一样，钩状工具自古以来就被广泛使用。即使在现代，环顾家中，我们会发现衣架上的S形钩、壁挂钩、放下卷帘门和屏幕的挂棒、编织用的钩针、衣服和凉鞋上大小不一的搭扣等都是，这样的例子不胜枚举。

不易脱落的钩子形状

钩子的特点是"一旦挂上去，就不会轻易脱落；一旦取下，就马上可以重新自由移动"。请大家想象一下《彼得·潘》中大反派虎克船长的假肢。假设虎克船长把那只可怕的钩子形状的假手挂在了甲板的扶手上，就算他再怎么使劲往自己这个方向拽，假手也纹丝不动，会一直挂在上面。不管是从斜上方、斜下方还是其他方向往他自己的方向拽，我想钩子应该都不会脱落。但是，只要按照钩到扶手时的动作反向推回去，也就是说，只要根据钩到扶手时的角度反向移动，就能轻松地把钩子拿下来。"只有将钩住时的动作'倒回去'才能取下来"，这

钩子只要不朝着"会脱落的角度"就不会脱落

就是钩子的另一个重要特征。

　　理解了这种构造，我们就能理解鱼钩为什么是钩子状了。被钩住的鱼笔直向前（与鱼钩脱落的方向相反）游动，越往前游，鱼钩就陷进身体越深。但是钓鱼人只要用手，就能轻松地取下鱼钩。

合上就不会脱落的钩子构造

　　虽说钩子不会轻易脱落，但如果转到某个角度就有可能脱落，那么作为衣服或裤子上的闭合部件就有点靠不住了。在衣物上，我们需要一旦合上，"无论朝着什么角度都不会脱落"的安全感。

　　有好几种防止钩子挂上之后脱落的方法。首先是钩子挂上去以后，关闭钩子的开口处。如果我们观察一下安全绳上的挂钩和登山时使用的安全扣，就会发现上面有一种叫作"防脱弹簧卡扣"的固定部件。挂钩挂好后，这种卡扣会将挂钩的开口处封住，形成一个环，这样就可以避免脱落的风险。还有一种方法是将挂钩固定住，使其无法向会脱落的方向转动，从而剥夺挂钩的自由。拉链正是利用了第二种方法。

固定钩子的方向

　　将拉链的拉片拉上去就能合上拉链，拉下来就能打开。打开后的拉链有两列，每一列都密密麻麻地排列着被称为"咪齿"的钩子状锯齿。这两列咪齿之间的滑块被称为"拉片"，通过上下移动拉片，将左右两列咪齿相互交错地结合或分离，形成可以自由开合的结构。拉链就是这样将左右两列咪齿嵌在彼此的缝隙中固定，从而限制每个咪齿的自由行动。

　　详细点说明的话，排在同一列上的咪齿，两个咪齿之间的间隙正好可以放下一个咪齿。当拉片将左右两列咪齿拉到一起时，两边的咪齿会稍微倾斜，正好嵌入彼此的间隙中。一旦嵌入间隙中，上下的咪齿就会互相限制彼此的活动，这样，所有咪齿都无法动弹，也就不会朝着脱落的方向倾斜了。因为所有的咪齿都是用胶带粘到布料上的，所以即使斜着或横着用力拉，也不会发生某个咪齿单独倾斜到"会脱落角度"的情况。

要分开这些咪齿只有一种方法：就像虎克船长的假手一样，只要把钩住的动作倒回去就可以了。当你把拉片向下拉时，拉片中的凸起会把咬合在一起的咪齿强行推开，让它们回到咬合前的角度。这个角度就是唯一的"脱落角度"。分开后的咪齿原路返回，分别倒向左右两侧。这样一来，只要拉下拉片，咬合到一起的咪齿就会一个个分开，闭合成一列的拉链也就能轻而易举地拉开了。

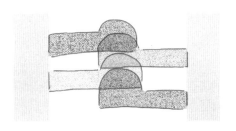

左右两侧的咪齿相互咬合，紧紧嵌入彼此的间隙中

利用作用力与反作用力拉到一起

当强行穿上很紧的牛仔裤时，你是不是每次都担心拉链会崩开，但出乎意料的是，每次都没事。这是因为咬合在一起的两列咪齿大小相同，并且在相反方向上相互施加力，从而限制彼此移动。也就是说，无论哪一方被强力拉向另一方，都会同时向对方施加同等的拉力，所以拉链不会松动。像这样，两个物体相互作用的关系被称为"作用与反作用定律"*。这是牛顿总结的三大运动定律之一。

作用与反作用定律只在两个物体发生接触的情况下成立。例如，当我撞向墙壁时，我的身体在推动墙壁的同时，也会受到来自墙壁的同等大小的反作用力。即使看不见，力也一定会在发生接触的物体之间产生"相互作用"。如果我的身体离开墙壁，那么来自墙壁的反作用力也会立刻消失。

因为是相互作用，所以不会发生其中一个物体以更大的力移动了另一个物体的情况。在相扑比赛中，当力士们的身体相互碰撞时，看起来是体形大的一方用更大的力推了另一方，但事实上并非如此。根据作用与反作用定律，力的大小总是相同的。体形较小的人被甩出去更远，是因为他比体形较大的人更轻，即质量更小，所以受到同样大小的力时会更容易被移动。

闭合状态的拉链也是如此，咬合的咪齿之间存在作用力与反作用力，互相以相同大小的力紧紧拉住对方。无论哪一方被用力拉，它都会向另一方施加同样大小的拉力，所以拉链几乎不会崩开。

了解了作用力与反作用力之间的相互作用，我们就能利用它们做很多事情，比如发射火箭。火箭发射时的推进力，就来自气体喷向地面后从地面接收到的反作用力。因此，只要计算出火箭飞离地球所需的推进力，然后准备好产生相应大小动力的燃料即可。拉链也好，火箭发射也罢，我们生活中的很多方面都与相互作用的力有关。

（注[*]）在远古时代，人类就已经从动物的爪子和角上获得灵感，制作出了各种钩状工具。在中国，战国时期就有将钩子用作武器的记录。

（注[*]）作用与反作用定律是初高中物理中最容易被学生轻视的定律之一。大多数学生都对这条定律不以为然。本书的作者之一在高中时对物理非常着迷，可是她的物理成绩很差，但在解开了一个关于作用与反作用定律的问题之后，忽然开窍了。问题是这样的：

当一匹马拉一辆马车时，按照作用与反作用定律，马车对马也会施加同样大小的拉力。因此，马无法拉动马车。

很显然，马是可以拉动马车的。那么，这句话有什么问题呢？请读者也一起思考一下。

答案：

马能否拉动马车，取决于马受到的力。马在拉马车的同时，也受到了来自马车的同样大小的拉力，但如果马受到更大的推力，它就能拉着马车往前走。这个推力就是来自地面的反作用力。也就是说，马踩在地面上的力大于马车对马的拉力，因此，马受到来自地面的反作用力，就能拉着马车往前走了。

胶水和胶带可以用来粘各种各样的东西，非常方便。但在浴室等水汽很重的地方，水分子会影响黏合分子发挥作用，不能很好地黏合。这时吸盘*就派上用场了。把柔软的橡胶之类的材料紧紧按到墙壁上，不可思议的事情就发生了，吸盘居然就那样粘到了墙上。而且吸盘几乎不会损伤墙壁，吸力强的吸盘甚至可以承重 10 千克左右，相当于一岁半孩子的体重。

吸盘之所以能在胶水和胶带都粘不上的地方发挥作用，是因为它依靠的是"空气的力量"。看不见的空气中，究竟藏着怎样的力量呢？

来自四面八方的空气的力量

虽然大家都觉得空气很轻，但其实它相当重。这个重量压在地面上，就是空气的压力，也就是大气压（→第18页）。下面这个简单的实验可以让大家真实地感受到大气压的大小。

首先，把垫子放在桌子上。接着像右图这样，用透明胶带把绳子的一端粘在垫子的中心位置，然后慢慢地将绳子往正上方拉。明明很轻的垫子，却怎么也拉不起来。这是因为大气压正在将整块垫子向下压。

这里需要注意的是，大气压并不只是"向下"的。在这个实验中，只有垫子上方有空气，但身处大气中的我们时时刻刻都被来自四面八方的空气挤压着。如果你在空气中感受不到气压的存在，那么请回想一下潜入水中时的情景。待在水里的时候，我们会有整个身体都被水挤压的感觉。这是因为运动的水分子会从各个方向撞过来，挤压我们的身体。同样，大气压也挤压着与空气接触的所有表面。我们并非生活在海底，而是生活在大气的最底层。

也许有人会担心，受到来自四面八方气压的挤压，我们会不会被压坏。完全不用担心。我们的身

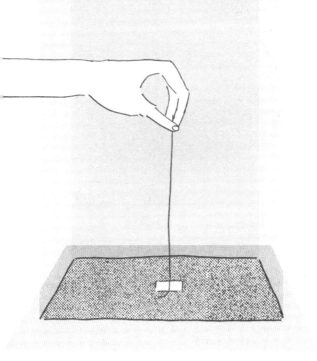

看不见的大气压向垫子施加了压力

体即使受到外界空气和水分子的挤压，也会利用体
内的水分等向外施加反向的推力，所以我们绝不会
被气压压扁。

通过空气的力量粘在一起

　　空气中混合了氧气、氮气等气体。气体分子在
空中自由地飞来飞去。但是，由于温度和高度等
因素，气体的密度并不均匀。当空气变热或变冷时，
气体密度就会变得有的地方高，有的地方低。气体

密度高的空气是"空气颗粒拥挤的状态"，所以会向稍微宽敞一点，也就是气体密度低的方向流动。这就是风的真相（→第33页）。

如果在高密度空气和低密度空气之间设置隔板，阻碍空气流动，高密度空气就会用力顶隔板。吸盘就是利用空气的这一特性附着在墙壁上的。把吸盘紧紧地按压在墙壁上，吸盘和墙壁之间的空气就会被挤到外面。如果让吸盘和墙壁毫无缝隙地贴在一起，阻止空气从外面进入，吸盘和墙壁之间就会形成比周围空气密度低得多的空间。而吸盘周围的空气，为了进入这个空间，就会用力地推吸盘。吸盘就是这样通过增大内外空气密度的差异，让自己一直处于被外部空气挤压的状态。

没有空气的状态是怎样的

"没有空气"究竟是一种怎样的状态呢？把空气全部排空，就成了"真空"。如果有人问我真空是什么，我很想回答，真空就是不管是空气还是其他气体，全都不存在的状态。从哲学角度来说的确如此，但现实中并不存在如此完美的真空。即使在宇宙空间，如银河系，恒星和恒星之间也存在着尘埃和氢、氮、甲烷等各种各样的气体，而在银河系

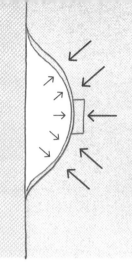

吸盘通过制造内外气压差，利用大气压吸附在墙壁上

之外，每立方米中也至少有 1 个原子。

那么，真空包装或真空管中的"真空"是什么意思呢？它指的是"空气极其稀薄的状态"，也就是空气密度极低的空间。空气稀薄到什么程度才能算真空呢？这可以用压强的单位帕斯卡来衡量。根据 ISO（国际标准化组织）的定义，高真空是气压在 0.1 帕斯卡以下。考虑到我们生活的地面大气压为 10 万帕斯卡，高真空中的空气密度极低，可以说是"真正的空状态"。

格里克的真空实验

人类从什么时候开始尝试排空空气的呢？古希腊哲学家亚里士多德曾说过，空间中一定充满了某种物质，"不存在真空"。这个观点在 2000 年间一直被奉为真理,直到17世纪,气压计和泵被发明出来。从此以后,将空气从容器中抽出到极限以接近真空状态的研究开始蓬勃发展[*]。

第一个成功的实验来自德国科学家奥托·冯·格里克。格里克制作了一个手动抽气泵,起初他试图将啤酒桶抽成真空,但由于装啤酒的木桶到处都是缝隙,所以根本不可能成功。经过反复研究,他用气密性更高的铜制作了两个直径约40厘米的半球,然后将两个半球扣在一起做成空心球,再用抽气泵将里面的空气几乎全部抽走。最后,内部接近真空状态的两个半球紧紧地吸在了一起。利用内外气压差的强力吸盘就此诞生。

他在神圣罗马帝国皇帝面前演示了这个实验,

8匹

即著名的"马格德堡半球实验",如下图所示。第一次实验时,格里克将8匹马(相当于1吨多的力量)拴在铜球两边,然后背向而拉,但没有将这两个半球分开。当时的人们看到这样的场景,都惊讶得目瞪口呆。

顺便说一下,就我们日常生活中使用的吸盘而言,吸盘和墙壁之间产生的空气密度,大概是周围空气密度的两成。也就是说,它不能称之为真空,因为只减少了80%的空气,但这种程度就足以挂住架子。不要小看空气的力量哦。

吸盘在太空中能吸得住吗

吸盘内部的空气越接近真空,周围空气的推力

1吨

就越大，如格里克的实验所展示的那样，吸盘的吸附力就会越大。

如果在几乎没有空气的真空中，把吸盘按到墙壁上，会发生什么呢？在宇宙空间中，章鱼可以利用吸盘来支撑身体吗？答案是不能。如果没有大气，周围空气推动吸盘的力就不复存在。无论是作为工具的吸盘还是章鱼身上的吸盘，在宇宙空间里都毫无用处。

更进一步说，即使是在有大气的地球上，吸盘也只有在"吸盘内外空气密度存在差异的情况下"才能吸附在墙面上。只要吸盘和墙壁之间有一点点缝隙，外面的空气马上就会乘虚而入，让气压差消失，吸盘则会从墙上脱落。空气分子不会放过污垢和凹凸造成的任何小缝隙，毕竟空气分子比污垢分子要小得多。

（注*）自然界中也存在吸盘，比如章鱼和鲫鱼等水中动物都长有吸盘，用来固定身体。顺便说一下，壁虎的脚虽然看起来像吸盘，但通过高倍显微镜，你会发现它们其实是利用无数极细的刚毛之间形成的分子间作用力（分子之间相互吸引的力）吸附在墙壁上的。另外，鱿鱼的脚上也有吸盘一样的东西，类似钩针的形状，既可以挂又可以吸附。

（注*）进入17世纪以后，真空泵曾风靡一时。英国画家约瑟夫·赖特就创作了很多描绘早期现代科学发展的画作，如《气泵里的鸟实验》，描绘了知识分子的科学沙龙。

软木塞 | 用生物材料密

要想巧妙地打开与葡萄酒瓶或香槟酒瓶紧密贴合的软木塞，非常困难。软木在古希腊和古罗马时代就已被用于制作瓶罐和木桶的塞子，以及建材和漂浮物等，但当时它在工业领域的地位并不突出。16 世纪，软木塞被用作葡萄酒瓶的瓶塞，一跃成为人们关注的焦点。用一种由生物材料制成的软木塞密封玻璃瓶，这个创意仔细想想就让人觉得很不可思议。软木塞里隐藏着什么秘密呢？

观察软木塞的罗伯特·胡克

说到软木塞，我不禁想起了英国科学家罗伯特·胡克。性格急躁的胡克经常与他人发生争论和冲突，特别是牛顿，两人在许多问题上都持对立观点，是水火不容的关系。

提到胡克，我想很多人应该都还记得与弹簧弹性有关的"胡克定律"（→第 159 页）。但他在 1665 年出版的显微镜观察记录《显微制图》（*Micrographia*）* 一书也意义非凡，不该被遗忘。《显微制图》一书收录了胡克用显微镜观察并绘制的大量细致素描。其中，最著名的是描绘软木塞切片的插图。通过显微镜，胡克发现在软木塞切片中，每立方英寸（约 16 立方厘米）约有 12 亿个"小房间",他将这些"小房间"称为"cell"。因此，他也被认为是细胞的发现者。从生物学的角度来看，是否可以说胡克发现了细胞尚无定论，但至少他说过其他植物也有细胞，所以对所有生物都是由细胞组成的细胞学说的确立，胡克的贡献毋庸置疑。

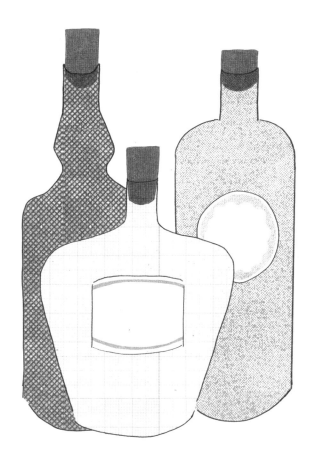

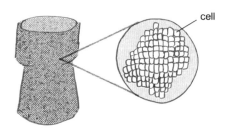

cell

　　近年来，随着对胡克的研究不断深入，人们发现他在物理学上取得的成就丝毫不逊色于牛顿。只是更年轻的牛顿在胡克死后，抹去了他留下的许多功绩和研究资料，如今连一幅胡克的肖像画都没留存于世。不过，软木塞的插图没有被历史埋没真是太幸运了。因为软木塞的密封性，正是源于软木塞的构造……

有弹力的软木塞的构造

　　软木塞主要是由栓皮栎的树皮加工而成的。随着树木的生长，树干中心的细胞逐渐被推向周围，最终在树干外缘的皮层形成木栓形成层。在木栓形成层中，由纤维素（膳食纤维的主要成分）构成的细胞壁上沉积了以软木脂为主要成分的木栓质，进而形成橡胶般的弹性木栓组织。当细胞壁变成木栓组织时，细胞末端就会失去水分，每个"小房间"

里则会充满空气，而不是水分。这就是软木塞的形成过程。

物体具有弹性特性（→第58页），一旦受到外力就会变形，失去外力就会恢复原来的形状。与液体相比，分子在空中自由飞翔的气体密度较小，处于松散的状态，所以只要按压，就能轻易缩短分子与分子之间的距离。密度比气体大的液体就不会这样了。因此，充满水分的活植物细胞只要用力按压就会破裂，无法恢复原状。

软木塞因为细胞的"小房间"里充满了空气而不是水分，所以富有弹性。想象一下海绵和面包就容易理解了，软木塞上无数的小空洞产生了巨大的

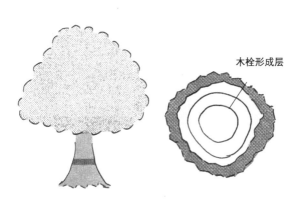

木栓形成层

弹性。将压扁的软木塞塞进葡萄酒瓶或香槟瓶中之后，软木塞会慢慢恢复到原来的形状，紧紧贴着瓶口，成为气密性很高的塞子。

软木塞的密封性有多强

自古以来就有"葡萄酒会呼吸"的说法，因此关于软木塞是否能让气体通过的争论一直存在。实际情况究竟是怎样的呢？软木塞是由中空细胞组成的集合体，因为含有大量气体，所以我觉得它的透气性应该很好。

实际上，软木塞的生物构造也发挥了作用。软木塞的主要成分木栓质的性质和蜡相似，不能和水融合，具有防止水分渗透到组织中的作用。而且软木塞中的"小房间"是以复杂的方式堆积在一起的，就像设置了好多层路障一样。空气中的灰尘、细菌等大粒子自不必说，空气分子和水蒸气等小粒子的出入也几乎都被隔绝了。

酿酒师理查德·G.皮特森以香槟和起泡酒为例，提出了"葡萄酒是不会通过软木塞呼吸的"的说法。他说，香槟等酒瓶中存在强大到开瓶时能让软木塞飞出去的内压（是周围气压的好几倍），这种内压使二氧化碳不会泄漏出去。也就是说，即使施加这样的压力，也几乎无法让 CO_2 分子通过软木塞。

但软木塞归根到底是源于生物。虽说有由木栓质等复杂分子组成的好几层墙壁，但缝隙就像迷宫一样。气体分子很小，可以自由飞行，如果你问我软木塞是否能百分之百阻止分子出入，我的答案是不能。

稍微讲个题外话，作为国际质量标准的千克原器是放在双层密封容器中，以真空状态保存的。即便如此，它每年还是会重 0.000001 克。这意味着可能有东西从外面进来并附着在了千克原器上。近年来，由于需要严格的标准，千克原器于 2019 年被废弃，结束了它长达 130 年的服役。在如此严密的保存状态下都无法阻挡气体分子，更别要求来自生物的结构能"绝对"阻挡了。

虽然不能说完全密封，但软木塞的密封性确实非常高。作为植物遗骸的软木塞长年累月都不会发生变化，能保持稳定的密封状态。即使在现代，我们也应该学习古人们洞察生物材料的性质，并将其作为工具加以利用的灵活思维方式。

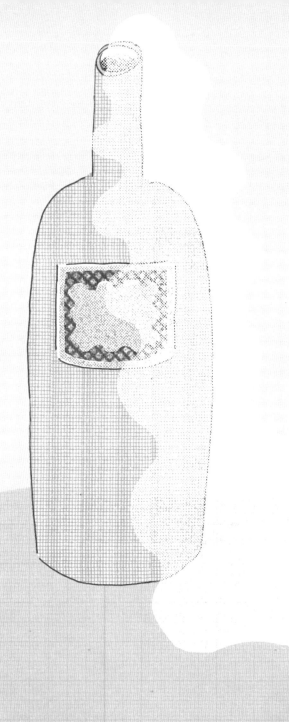

（注*）在《显微制图》一书中，开篇先是关于辅助人类的工具的论述，然后是通过刚被发明出来的显微镜看到的微观世界的精细素描，最后扩展到用望远镜观察到天空中的星星等各个方面。

保温瓶 | 制造真空进行保温

能保温的水壶和保温杯在日语中又被称为"魔法瓶"。倒入热水后，水不会变凉，像魔法一样。当然，这并不是魔法，而是巧妙地利用了热的本质。就像科学家对光和电感兴趣一样，他们一直在思考热是什么。下面我们就来一边回顾科学史上那些关于热的研究，一边揭开保温瓶的秘密。

什么是热

虽然早在 18 世纪，温度计和蒸汽机等与热有关的技术已经取得了长足的发展，但科学家仍然为"什么是热"这个问题而头疼不已。从古希腊时期流传下来的"物体是由原子和分子这样的小颗粒构成的"观点，在 18 世纪初再次得到支持和传播。另外，人们还设想了一种由氢和氧结合而成的新元素——"热素"（卡路里）。"热素"这一概念由法国化学家安托万·拉瓦锡提出。拉瓦锡认为，物体因为热素的进入而变暖，又因为热素的释放而变冷。

在这种情况下，美国物理学家拉姆福德伯爵（本名本杰明·汤普森）对"热素说"提出了异议。拉姆福德注意到，在制造大炮的过程中加工炮筒的时候，会产生无限的热量，需要不断用水冷却。他

认为，用钻头加工炮筒的过程会使炮筒中的某些东西发生振动，导致它们的运动变得活跃，而这种活跃的运动可能与热有关。1798年，拉姆福德发表了"热的运动学说"，指出热的本质并非热素，而是源于物体中某些物质的运动。

热的本质是物质，还是运动

第二年，也就是1799年，英国化学家汉弗莱·戴维通过实验证实了热的运动学说，支持了拉姆福德的理论。戴维做了一个实验，将密封的容器抽成真空——也就是说，容器里什么都没有——然后在里面摩擦冰块。结果，冰在没有任何其他东西进入容器的情况下融化了，因此，戴维主张"热并不是某种特殊物质，而是一般物质的运动"。只是当时除了摩擦物体引起的发热，热的运动学说还不能很好地解释其他现象。

对于热的研究之后仍在继续。1843年，英国物理学家詹姆斯·普雷斯科特·焦耳用水做了一个实验，即剧烈搅拌后测量其温度。他测量了水温随着搅拌运动量的增加而升高的程度。他发现，运动量和热量之间的温度变化比始终保持不变。于是，运动和热量之间的关系在数据层面得以明确，拉姆福德的热运动理论也就成了无可辩驳的学说。今天，我们都知道，拉姆福德无法确定的物体中的"某些东西"就是原子或分子。热的真正本质是"原子和分子的运动"。

分子的运动与温度的变化

"温度"与热也有密切关系。在世界通用基准被制定出来之前，各地使用的温度基准五花八门，如"牛的体温""黄油融化的温度"等。1742 年，瑞典天文学家安德斯·塞尔修斯提出了"摄氏度"的概念，假设冰融化时的温度为 0 摄氏度，水沸腾时的温度为 100 摄氏度，将两者之间分成 100 等份，每一等份为 1 摄氏度。摄氏度被采用为世界标准，至今仍在使用。

后来人们发现热是分子的运动，于是就认为温度是"分子运动的剧烈程度"。虽然分子肉眼看不见，但人们设想温度高时分子就活跃，温度低时分子就安静。

随着温度的降低，分子的运动逐渐趋于平稳，当分子停止运动时，分子运动的剧烈程度为零，因此温度不可能降到比这个状态更低了。这种状态下的温度被称为"绝对零度"。如果用摄氏度表示，

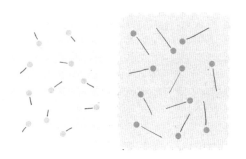

温度低的时候，分子运动更稳定（左图）；温度高的时候，分子运动更活跃（右图）

就是零下 273 摄氏度[1]。尽管太阳表面的温度高达几万摄氏度，但温度的下限并没有那么低。以绝对零度为基础的温度被称为"开尔文温度"，单位为开尔文（K）。在开尔文温度中，1 度（开尔文）的间隔与摄氏温度相同，因此，冰融化时的温度是 273 开尔文，而水沸腾时的温度是 373 开尔文。

热会传递

说回保温瓶。当我们接触到温暖的物体时，身上与它接触的部分也会变暖，这是因为分子的活跃运动传递给了我们。例如，当我们用冰冷的手握住装有热茶的杯子时，活跃的热茶分子会在茶和茶

---

[1] 绝对零度的精确值为零下 273.15 摄氏度。

杯的交界处与茶杯分子发生激烈碰撞，而那些变活跃的茶杯分子接着会在茶杯和手的交界处撞击手上的分子。就像发生交通事故时汽车的连环相撞一样，热量，也就是分子的运动，就这样不断传递下去，最终握茶杯的手变得温暖。

"惯性定律"（→第 144 页）对分子也适用，只要没有外部作用，分子就会保持运动状态。这意味着一个活跃分子的运动，如果没有其他分子的帮

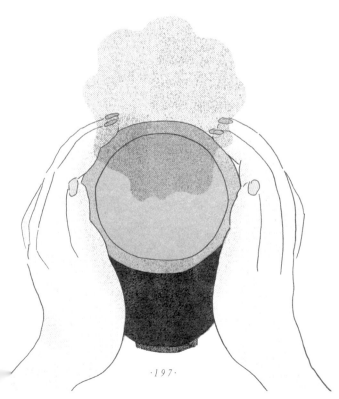

助，就无法传递给周围，而该分子则会一直处于活跃状态。英国物理学家詹姆斯·杜瓦注意到了这一点。他认为，热量无法在几乎没有分子*的近真空环境中传递。

因此，1873 年，杜瓦发明了杜瓦瓶，这是一种双层玻璃容器，中间是真空的。在如今的科学实验中，人们仍然会使用杜瓦瓶来装液氮。盛有零下 196 摄氏度液氮的容器非常冷，即使戴上皮手套，也只能拿几分钟，但如果装进杜瓦瓶，我们就可以徒手拿起瓶子。杜瓦瓶就是如今使用的保温瓶的前身。

从实验器具到家用暖壶

1893 年，杜瓦在皇家研究所向公众发表演讲时，终于展示了杜瓦瓶。摆放在观众面前的瓶子里装着美丽的淡蓝色液氮。杜瓦一拧开瓶塞，空气立刻进入双层结构的内瓶和外瓶之间，沸点为零下183 摄氏度的液氮伴随着咕嘟咕嘟的声音沸腾起来，令在场的人大为震惊。

虽然杜瓦瓶阻止热传递的效果毋庸置疑，但液体变成气体时体积会变大（比如水变成气体后，其体积是液体时的 1700 倍），所以不能盖上盖子。

但如果只是保温热水，基本没有体积上的变化。德国玻璃工匠莱因霍尔德·格伯注意到了这一点，于是在1904年推出了一款与杜瓦瓶结构相同但加了盖子的瓶子，并将其商业化。

1907年，这种瓶子被引入日本。当时在灯泡公司工作的八木亭二郎利用在玻璃灯泡内部制造真空的技术，做出了日本最早的"魔法瓶"。灯泡的技术竟被活用在了保温瓶上，真是令人惊讶。

曾经由玻璃制成的保温瓶，如今几乎都是不锈钢材质的，既结实又轻便。

有些品牌的保温瓶甚至在热水倒入超过6小时后，水温仍能保持在70摄氏度以上。而将一杯100摄氏度的热水放置在30摄氏度的室温下，10分钟后水温就会降到70摄氏度左右，由此可见，其保温性的确很强。

当你用手握着装有热茶的茶杯，想要喘息一下的时候，请想象一下：

保温瓶的机制

真空

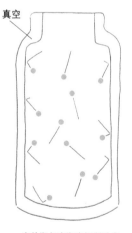

在外瓶与内瓶中间制造真空，活跃的分子运动就无法传递到外面，能一直保持温暖的状态

"啊，热茶分子正努力地推着茶杯分子，而茶杯分子又努力地推着手掌的分子，然后把温暖传递给我。"这样想象一下的话，内心的分子也一定会跟着活跃起来吧。

（注*）热量的转移是指分子运动的传递。热量会从温度高的物体转移到温度低的物体上，但不可能反过来。热量的转移是"不可逆变化"（→第50页）。温度低的物体无法在不知不觉中变热。

我们身边的"热"是不断移动的。利用热量转移工作的机器被称为"热机"。蒸汽机是热机的代表，它的出现引发了工业革命。说到最简单的蒸汽机，就是水烧开时盖子会被顶起的水壶。水的沸腾使水壶内的压力上升，盖子就被顶起来了。于是，蒸汽从缝隙中逃逸，蒸汽接触到室外空气后，温度又会下降，壶内压力降低，盖子恢复原位，如此反复。火力发电站也是吹着高温蒸汽驱动涡轮发电的，所以也是热机。

在科幻小说中，经常会描写地球变得寒冷，一切都被冻结，人类全部灭亡的世界，但从物理层面来看，世界的终结并不是严寒。物理层面的世界终结是全世界都处于同一温度下。如果整个世界都处在同一温度，热量就不会转移，热机也就无法工作了。你可能会想，用电力驱动不就行了吗？但到那时，连火力发电站也无法运转。说起来，我们的身体本身就是一台热机，如果整个世界的温度都一样，生命就很难维持了。不过，请大家放宽心。说到底，这只是物理层面的假设。

运输工具

毫不夸张地说，人类的生活就是伴随着运输工具的发展而变得丰富起来的。如今，从"把豆子送到嘴边"的小目标，到"把人类送到遥远星球"的大野心，运输工具可以实现各种各样的愿望。

我觉得运送物品的想法如实反映了人类想要控制时空的欲望。移动物体的行为与物理定律有着密不可分的联系。让我们来看看为了搬运各种物品而被设计出来的工具。

车轮 | 转动着运送重物

  在没有卡车和货车的遥远古代，人没办法搬运又大又重的大树和巨石，于是就靠很多人一起推，或用绳子拉。如果搬运的是圆的物品，人们可能会滚着走。但不管怎么说，都需要大量的劳力。为了让搬运物品的工作能更轻松一些，车轮被发明了出来。如果没有车轮，我们就无法像现在这样轻易地运送大量的人或物品。

轻松运输物品的方法

　　搬运是指移动物品。从物理的角度来看，移动物体可以进一步分为"垂直移动"和"水平移动"。将物体垂直抬起的时候，我们需要依靠作用于物体的重力和外力来支撑，只要能支撑住物体，就能将其随意移动。水平移动的时候，如果是在地面上移动，因为有地面支撑，所以不需要考虑重力，但要考虑"摩擦"这个问题。

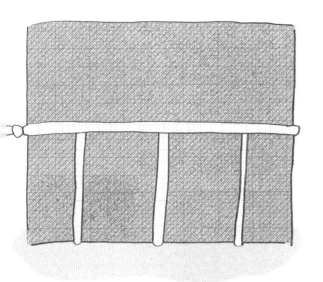

运送巨石时，人们在巨石下方倒油，使地面变得更光滑，但会在脚边撒沙子，防止滑倒

在干燥的水泥路上水平移动物体的摩擦力是重力的 70%，而在湿滑的道路上则是重力的 50%。这意味着在湿滑的道路上，你只需用垂直抬起物体时一半的力（与重力对抗的力），就能让其水平移动了。

　　话虽如此，搬运重物仍然是一件费力的工作。一部美国电影中有一个与此相关的场景：被囚禁的所谓"罪人"用绳子搬运巨石。据说，埃及金字塔所用的石灰岩平均重量为 2.5 吨，就算再怎么比垂直抬起更省力，单靠人力在未铺砌的道路上拖拽，其摩擦力之大，想想就让人眼冒金星。

　　电影中，人们在巨石下面倒了油，并在拖拽石头的人的脚边撒了一些沙子。倒油是为了减少巨石和地面之间的摩擦，以便更轻松地拖拽石头。撒沙子则是为了增加脚和地面之间的摩擦力，使拖拽石头的人不易滑倒，脚能稳稳地踩在地面上。当人们用脚撑住地面时，就会受到来自地面的同样大小的推力。这就是"作用与反作用定律"（→第 170 页）。通过用力踩踏地面，将来自地面的反作用力转化为推进力。

滚动比拖拽更轻松

最早被发明出来用于水平移动物体的工具是雪橇。据说，最早的雪橇就是被挖空的树干。将表面粗糙不平的巨石放在底部光滑的雪橇上，可以减少其与地面的摩擦，拉或推都会变得更容易。一幅创作于公元前 2000 年前后的古埃及壁画就描绘了人们用大雪橇运送巨大石像的场景。

很快，古人发现"滚动"比"滑动"更轻松，于是在雪橇和地面之间增加了被称为"滚木"的圆木。比如，在一幅创作于公元前 8 世纪的亚述浮雕中，人们通过在雪橇下面放一排滚木来搬运重物。顺便说一下，在雪橇下面铺滚木，确实会影响摩擦力的大小，这是现代实验中已经验证过的结论。我们都知道，如果只使用雪橇，水平移动雪橇时的摩擦力是重力的 53%，但如果在雪橇下面垫滚木，摩擦力就只有重力的 19%。也就是说，如果用雪橇搬运，只需要一半的力；而如果在雪橇下面垫滚木，则只需五分之一的力。

说到这里，我觉得将雪橇和滚木合二为一，变成类似车轮的工具也就不足为奇了，但车轮究竟是不是由滚木演变而来的，目前众说纷纭，暂无定论。

早在公元前 4000 年，美索不达米亚地区的苏美尔人就发明出了车轮。另外，雪橇是用来运输物品的工具，而车轮主要被用在人们移动时的交通工具上。

重量和形状会影响滚动的难易程度

车轮大概源于人们将圆木切片的圆形木板。用来承载人和物品的车轮，很容易因为装载物品的重量而变形或损坏，让人很头疼。单纯用圆木切片制

成的木板很容易破裂，所以苏美尔人把几块木板贴在一起做成了厚厚的圆板。这样将木板叠加在一起，增加了车轮的强度，即使承载一定重量也能承受。有一种说法认为，这是因为美索不达米亚地区大树很少，没有粗细适合制作车轮的圆木。但是将多块木板粘在一起后，车轮就变得很重，这样一来又很难转动起来了。怎样才能既保证车轮的强度，又不会影响车轮转动呢？

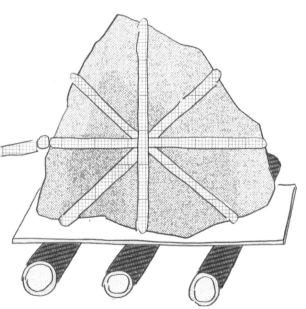

人们通过在雪橇下垫滚木来搬运巨石

首先，我们来思考一下"转动的难易程度"。转动也是一种运动，因此它具有一旦开始，只要没有外力作用就不会停下的惯性（→第 144 页）。一旦开始转动，根据"惯性定律"，要继续转动就不需要额外的力了（当然也需要考虑转轴的摩擦）。像汽车上那种又"重"又"大"的车轮需要很大的力才能转动起来；相反，像玩具车上那种又"轻"又"小"的车轮，感觉很容易就能转动起来。我们可以发现，物体从静止状态到以一定速度转动起来所需的力和时间越少，就越容易转动。

表示转动物体惯性大小的是"惯性力矩"。乍一听可能会让人感觉一头雾水，其实主要说的是，转动的物体越重，转动半径越大，惯性力矩就越大，物体也就越难转动起来。转动的物体可以是球体、圆盘、细圈，其惯性力矩各不相同。即使是同样的重量，根据重量分布的均匀与否，"转动的难度"也会有所不同。惯性力矩大的物体很难转动，但一旦转动起来，就很难停止。因此，车轮的设计不仅要考虑如何让其转动起来，还要考虑让车轮停止转动的刹车装置。不是只要转起来就万事大吉了。

体育运动也需要考虑惯性力矩。例如，在花样滑冰中，做旋转和跳跃动作时手臂要尽量靠近身体，

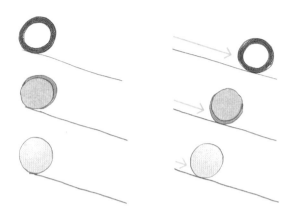

如果同时滚动，则按细圈、圆盘、球体的顺序快速滚动

以减小旋转半径，降低惯性力矩。将胳膊和腿集中到身体中心，就能让身体高速旋转，在跳跃时做出旋转三周、四周等高难度动作。

想要更加结实和轻便的车轮

考虑到惯性力矩，我们得出的结论是，最容易转动的车轮既不是圆盘也不是球体，而是"圆环"，而且越轻巧越好。但问题在于车轮的强度。如果将车轮制作成圆环状，即使是用不易碎的材料也会变形。

辐条巧妙地解决了这个问题。辐条是从车轮中心的旋转轴呈放射状向外延伸并连接到轮辋上的棒状部件，就像建筑物的横梁一样起到支撑车轮、防止变形的作用。辐条不仅提升了车轮的强度和耐久性，也使车轮的轻量化成为可能。

　　辐条的起源和车轮一样尚无定论，不过在公元前 14 世纪古埃及法老图坦卡蒙的陵墓中，考古人员发现了装有 6 个辐条的两轮车。令人惊讶的是，在那个时代，人们已经意识到轮子转动的便利性和辐条的作用。如果美索不达米亚和古埃及的人穿越时空到现代，看到现代的车轮，他们会作何感想呢？或许他们会觉得现代的车轮和自己那个时代的车轮并没什么两样。古代车轮的构造是如此精妙，让人忍不住产生这样的遐想。

大家滑过雪吗？我至今还清楚地记得，有生以来第一次穿上滑雪板站在雪地上时的恐惧。明明是站在平坦的地面上，滑雪板却在光滑的雪地上不停地向前移动。为了不让身子倒下，我慌忙把滑雪杖往地

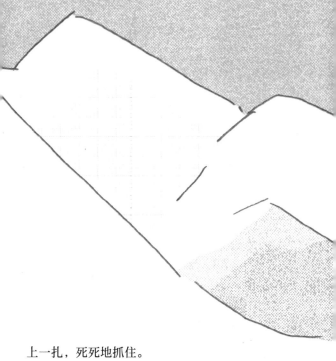

上一扎，死死地抓住。

从斜坡上往下滑的时候，我有好

几次都差点摔倒，多亏有滑雪杖，最后化

险为夷。

　　滑雪杖或拐杖只不过是一根棍子，却能够帮助我

们保持身体平衡并引导我们前进。接下来，我们来研

究一下为运输提供支撑、防止倾倒的工具吧。

重力的作用点

　　地球上的所有物体都会受到重力的作用，因此，如果没有支撑，它们就会向地面坠落或倾倒。重力均匀地作用于整个物体，比如放在手掌上的苹果，每一处都受到重力的作用。然而，当重力分散时，我们很难想象它是如何起作用的。物理学上认为，"重力的作用点"是支撑住物体，防止其不会倾斜的点。这个点就是物体的"重心"。

　　如果是厚度（或粗细）整体一致的木板或木棍，

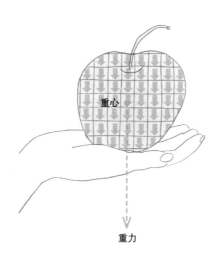

苹果的所有部位都受到重力的作用，在物理学上，可以将支撑物体稳定的一点视为"重力作用的点（重心）"

其重心就在物体的中心。这就是为什么在尺子或水桶的中间支撑会更容易让其保持稳定。像这样，可以支撑物体而不倾斜的点就是物体的重心，或者说，如果物体在重心的位置获得支撑，就不会倾斜。

重力从物体的重心直达地心。重力通过物体的重心到达地心的线被称为"重力作用线"。只要是在重力的作用线上，无论支撑哪里，物体都是稳定的。例如，你可以用绳子吊着苹果，代替用手掌托着。

让物体保持稳定的支撑面积

当我们用两条腿站在地面上时，重力的作用线就落在包含两脚和两脚之间间隔的平面内。为了便于理解，我们将这个平面称为"支撑面积"。重力的作用线位于支撑面积以内的状态，就称为"保持平衡"或"保持重心"。如果重力的作用线在支撑面积之外，人就会因为无法保持平衡而摔倒。单脚站立或双脚并拢站立时很容易摔倒，是因为支撑面积减小了。我们平时站着的时候，也会无意识地把双脚打开到大概与肩同宽的程度，扩大支撑面积，以便更好地保持平衡[*]。

拐杖的作用其实就是扩大支撑面积。三条腿比两条腿更稳定，四条腿比三条腿更稳定，看看四足

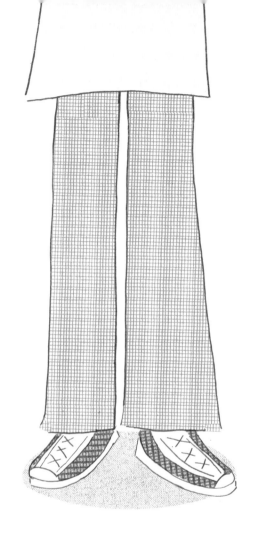

行走的动物和桌子的脚就知道了。当你爬山路的斜坡，或者因上了年纪而脊柱弯曲时，重心会发生偏移，只用两条腿就很难支撑身体了。这时，拐杖就派上用场了。我们可以通过把它当作第三条腿来增加支撑面积，这样支撑面积扩大了，人就更容易保

持平衡。登山杖、老年人走路时用的拐杖，都是被
用作支撑身体的第三条腿。不过，拐杖必须撑在超
出支撑面积的位置，为身体提供支撑才有意义。拐
杖的作用就是增加支撑面积，稳定重心。

向后推着地面前进

　　拄着拐杖走路也会变得轻松。因为将拐杖按向地面，就能获得前进的推动力。滑雪杖和拐杖都是很好的例子，只要好好利用这种推动力，就能让身体更轻松地向前移动。我们正常走路的时候，也是向斜后方推着地面前进的。这对我们来说过于理所当然，所以我想大部分人应该都没想过这个问题：为什么前进的时候需要向后推地面呢？

　　我们总觉得自己是在依靠双脚的力量前进，但实际上我们是利用"作用与反作用定律"（→第171页）前进的。当你用脚向斜后方推地面时，地面同样会向你作用相反的力，也就是将力向着斜前方推回去。我们依靠来自地面的反作用力推动身体向前移动。设置在田径比赛起点的起跑器，可以说是最大限度地活用了作用与反作用定律的工具。

　　我们无法只靠自己的力量把身体往前推。不管是踩在地面上跑步的时候，还是在水里游泳的时候，抑或是拄着拐杖走在地板上的时候，我们都是在用手脚或拐杖向外推，然后利用反作用力前进的。看看滑雪比赛，你就能明白了，滑雪杖也是用来推雪地，以提高前进速度的。

向斜前方作用的来自地面的反作用力，还可以进一步分为"向上的力"和"向前的力"。向上的力是支撑身体的垂直阻力（→第68页），向前的力是防止脚向后移动的摩擦力——正是这种摩擦力产生了前进的推动力。

（注*）红酒杯只用一根细细的脚支撑着又大又重的杯身，其保持平衡的关键也在于杯底的面积。如果杯底的面积太小，稍微碰一下，酒杯就会被打翻。也可以说，不管红酒杯的杯脚有多细，只要杯底的面积够大，即使杯子稍微倾斜，重心的作用线也仍在支撑面积之内，所以还是能够保持稳定。

找到重量不均匀的木棒的重心

    无论多么复杂的物体都有一个重心，可以用一个点

下面我要告诉大家一个关于寻找棒球棒或拖把这类重量

    方法很简单。首先，双手的食指向前伸出，指甲那

然后在上面放那根需要找到重心位置的木棒。手指不要

试着将手指慢慢向木棒重心靠近。注意每次只能移动一

中心移动，最后两根手指会碰到一起。这个位置就是木

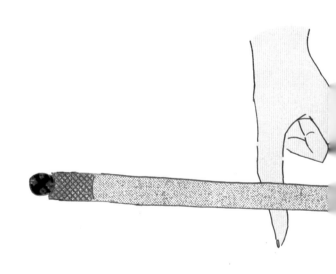

掌。

门的木棒的重心的有趣方法。

卜，中间留出 30 ~ 40 厘米的间隔。

木棒，

手指。就这样保持水平，两根手指分别慢慢往

重心。

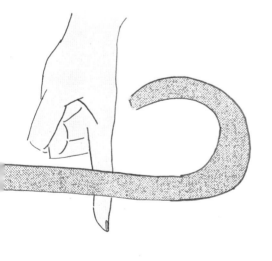

接下来请试着只用 1 根食指支撑那里。木棒应该只

为什么每次只能动一边的手指呢？让我们来思考一

最初用两根食指支撑木棒时，左右两根手指到木棒

这里请大家回想一下杠杆原理。

如果我们把能在一点上支撑住木棒的重心当作

就是"动力点"。当木棒被水平支撑时，由于杠杆原理

离重心近的手指支撑木棒的力，比离重心远的手指支

下面我们再来关注一下摩擦。手指支撑的力是垂直

"垂直阻力越大，摩擦力越大"（→第 69 页），所以

的时候，离重心远的手指会先动。

于是，当两根手指移动到摩擦力正好相同、与重心

手指就会停止移动。不过，还有一条摩擦定律是"运动

的摩擦力小"。（→第 70 页）所以按照惯性定律，运动

就能停下来，而会不知不觉地就超过等距点。然后两根

原本远离重心且容易移动的手指越过了等距点，变得

而另一根手指则远离重心，变得容易移动……如此反

直到最终碰到一起为止。

两根手指接触的位置基本上由一个点支撑着，所以

根手指就可以支撑住，不会倾斜。

中的原理。

的距离是不同的。

，那么两根手指的位置

点到动力点的距离 × 力"相等，

所需的力更大。

根据摩擦定律，

心的手指就越不容易移动。因此，当你想要移动手指

非同的位置时，

擦力比开始运动时

看并不是那么轻易

的形势就会发生逆转。

重心，

根手指交替移动，

将这个点视作木棒的重心。

筷 子 | 用与重力相当的力量

　　从法国厨师华丽变身为"传说级家政主妇"的 Tassin 志麻女士曾经在接受采访时说："在法国，人们搅拌鸡蛋时用打蛋器，翻动平底锅里的食材时用锅铲，装盘时用夹子，有各种各样的厨具，但实际上只有筷子可以完成所有这些工作，筷子真是一种出色的烹饪工具。"志麻的婆婆是法国人，来日本时感慨于筷子的万能，于是买了日本的筷子带回去。

　　筷子是把食物送到嘴里的工具，可以夹、拿起、

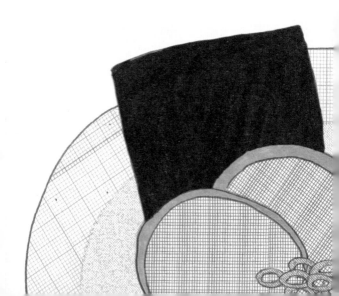

挑,使用方法多种多样。在这里,我们只重点关注
筷子功能中的"夹"和"拿起",来思考筷子中潜
藏的物理原理。就像志麻女士在采访中所说的一样,
以不同于以往的视角来观察,或许就能发现日常使
用的工具所拥有的卓越功能。

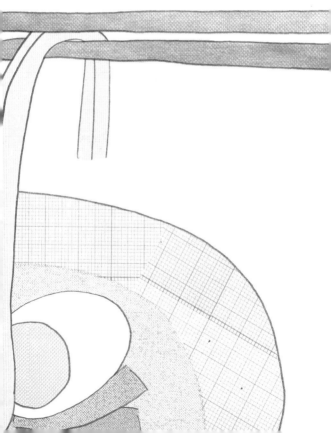

用绝妙的力量夹住食物

首先是"夹"这个功能。说到筷子的最大优点，就是能像操纵指尖一样，以微妙的力度夹起食物。如果想用叉子把柔软的豆腐叉起来，豆腐马上就会被戳碎。所以，如果我们要夹起这种弹性小的食物，且夹起来时不掉、不碎，就需要掌握"支撑着运送"的绝妙力度。

筷子之所以能够细微地调整力度，是因为它是基于"杠杆原理"（→第77页）运作的。一听到"杠杆"这个词，很多人可能认为，"杠杆"是通过增大施加的力来使工作变得更轻松的，但事实上也可以利用杠杆来减小施加的力。这就是第三类杠杆（→第128页）的特征。筷子就属于第三类，用手拿着开合的位置是动力点，筷子头（拿着筷子时冲着天花板的部分）是支点，筷子尖是阻力点。因为"阻力点—支点"的距离比"动力点—支点"的距离长，所以作用到筷子尖上的力比施加的力小。这样一来，我们就可以控制力度以确保不会夹碎豆腐了。

另外，如果你试着动一下筷子，就会发现筷子尖的开合幅度比手实际动的幅度要大。这也是第三类杠杆的特征，由于"阻力点—支点"的距离比"动力点—支点"的距离长，所以筷子尖的移动幅度较大。这两种距离相差越大，筷子的开合范围也就越大。

但是，筷子越长，作用到筷子尖的力就越小，抓力也就越弱。用来夹意面、沙拉的夹子和筷子的原理相同，可以充分利用可移动区域的大小，控制一次可以夹的分量。

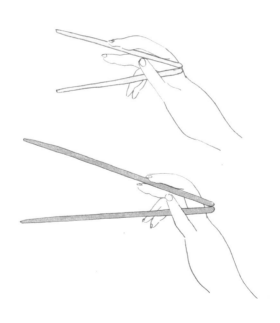

与普通筷子相比，长筷子可移动范围更广，但抓力更弱

逆着重力拿起

接下来，我们来思考一下用筷子逆着重力"拿起"食物的动作。一次性筷子等只要用点力就能轻易地用手折断。但吃饭时，即使筷子不像金属叉子那样坚固，也能保证食物不掉下来，好好地将其送到嘴里。这里隐藏着逆重力搬运物体的有趣的物理秘密。

重力是指地球和地球上的事物之间产生的万有引力，万有引力对所有事物都起作用（→第16页）。例如，餐桌上的一盘豆子。不仅地球对盘子和豆子

具有引力，盘子和豆子、豆子和夹起它们的筷子之间也存在着万有引力。那么，盘子和豆子、豆子和筷子会不会因为万有引力而被吸在一起呢？假设一双筷子的质量是 15 克，一粒豆子是 5 克。与之相对的地球的质量是 6×10^{24} 千克……这可真是令人难以想象的差距。

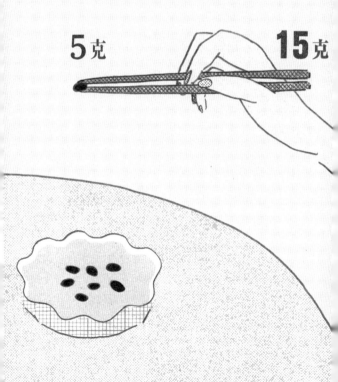

5克 15克

0,000,000,000 千克

万有引力有这样一条定律："与两个物体的质量相乘成正比，与物体之间距离的平方成反比。"这意味着两个物体的质量相乘后数值越大，且两个物体间的距离越近，物体之间的吸引力就越强。筷子和豆子被地球吸引的力比它们相互吸引的力要大得多，所以它们只能一动不动地待在原地。一想到它们被地球以如此压倒性的力量吸引着，我就不由得担心，用两根棍子能把豆子夹起来吗？不过，我们平时并不总是需要用尽全力把豆子一粒一粒地从盘子里夹出来，所以这种担心是多余的。

用与重力相当的力来支撑

所谓"支撑物体"是指"在物体上施加与其重力相当的力"。例如，要拿起 5 克豆子，只要用与 5 克重力相同大小的力支撑住豆子就可以了。此外，一旦把豆子拿起来，也就是说当用与重力相当的力支撑住豆子时，根据"惯性定律"（→第 144 页），我们就能以均匀的速度把豆子移动到嘴里。在空中移动豆子不需要超过 5 克的力。要施加更大的力也是可以的，不过这只是会相应地加快移动豆子的速度[*]。

像筷子这样简单朴素的工具，也会受到重力和惯性等物理定律的影响。当你用筷子夹食物时，请一定要感受一下地球压倒性的质量，以及作用在食物和筷子之间微弱的万有引力。

（注*）或许有人会认为，在航天飞机和空间站里，各种东西都飘浮着，运送物品一定很轻松。一般我们所说的"无重力状态"，其实并不是没有重力的状态。航天飞机和空间站正是因为有重力的作用，才不会飞到宇宙的另一边，而是围绕着地球运转。物理学上把这种状态称为"无重量状态"。

我们之所以能感受到重力，是因为有相对于地球表面不动的地面和地板在支撑着我们。乘坐电梯或过山车下降的时候，我们的身体会有飘浮的感觉。对空间站里的宇航员来说，他们就像是一直处于坐在过山车上急速下降的状态。也就是说，并不是没有重力，而是感觉不到重力的状态。

在这种状态下，表示惯性大小的质量没有变化。质量大的物体比质量小的物体更难移动，因为浮在空中不会产生摩擦，一旦开始运动就很难停止。在无重量的空间中，虽然不需要筷子的支撑力，但要将夹起的食物送入口中，还是需要与实物质量相当的力。

weight 和 mass 的区别

在物理学中，"重量"和"质量"有着严格的区别。
重量就是重力，是地球对地面物体的拉力。重量的单位

而质量是指物体移动的难易程度，单位是千克（kg
我们每天测量的体重就是质量，所以体重越大的人动起
重量和质量在日常生活中都用"重さ"一词来表示，用

以前，我任职的高中里有一名来自美国的留学生。
在课堂上讲解重量和质量的区别时，我试着用笨拙的英
"weight"（重量）和"mass"（质量）有什么区别。结
"形容 weight 大小的是 heavy（重）和 light（轻），
听他说完，我顿时觉得以前只在理论层面理解的差异，
我一边嘟囔着"dense、dense"，一边蹦蹦跳跳地回到
我还是清楚地记得那一天。

为什么说质量大就是 dense 呢？冷静下来思考
我推测这种说法可能是基于事物由原子构成的原子论。
越密集，质量就越大。与此同时，我深切地体会到，
近代科学发达的欧美国家的孩子们，不是从理论层面而
来理解重量和质量的区别的。

大家是否也感受到重量和质量的区别了呢？

示力的牛顿（N）。

和难。在日本，

理解这种区别并不容易。

也

到了意想不到的答案：形容词不同。他告诉我：

字 mass 的词是 dense（密集的）。"

就落实到了现实层面。

公室。20 多年后的现在，

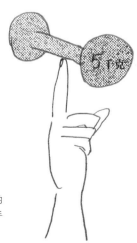

，

集得越多，

语言层面

重量提升正是地球有重力才有的
比赛，在无重量空间，用一根手
指就能顶起哑铃

托盘是一种很方便的工具，可以把烫手的茶杯和零碎的餐具放到一起来搬运。因为举起来以后是水平移动，所以几乎不会受到摩擦等阻力，能够自由地移动。但是，如果只有托盘快速向前移动了，托盘上的茶杯和餐具就会因为跟不上托盘的移动速度而滑动。因为物体都有惯性，即使托盘开始运动，

托盘上的物品也还是会保持在原地不动。用托盘搬运时，最让人头疼的就是"滑动"。正所谓"覆水难收"，所以为了避免这种情况发生，请试着思考一下托盘上都会发生哪些物理现象吧。

测量下滑的角度

为了防止物体滑动，就需要阻碍物体运动的摩擦力。最近我们经常能看到经过了防滑处理的托盘。托盘和放在上面的物体之间的摩擦力是多少呢？要测量摩擦力，方法很简单，请大家拿家里的托盘试一试。

首先，在桌子上放一个托盘，托盘里放一个即使滑下来也没关系的东西，对了，可以放一盒奶糖。然后用一只手抬起托盘的一端，慢慢倾斜托盘。注意，绝不能一下子用力抬起。一点点加大托盘倾斜的程度，到达某个角度的时候，奶糖盒子就会开始往下滑。在盒子滑下去的瞬间，托盘和桌子之间的角度叫作"摩擦角"。如果托盘倾斜的角度小于这

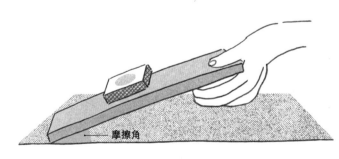

可以看出，摩擦角越大，托盘表面的摩擦力就越大

个角度，托盘上的奶糖盒就不会滑落。

顾名思义，摩擦角表示"摩擦力的大小"。摩擦角越大说明摩擦力越大，摩擦角越小说明摩擦力越小，所以，测量摩擦角是测量两个发生接触的物体之间的摩擦力大小最简便、最准确的方法。

摩擦角的大小取决于两个发生接触的物体的表面状态。例如，如果将粗糙的火柴盒的侧面（涂有擦燃火柴涂层的那一面）朝下放在托盘上，摩擦角比放表面光滑的奶糖盒更大。另外，如果你把同样的奶糖盒放在同一个托盘上，不管重复多少次，都会在同一个角度滑下去，无论盒子里是装满奶糖还是空空如也都一样。也就是说，即使重量不同，只要接触面的状态不变，摩擦角总是相同的。

在把茶杯和玻璃杯放入托盘之前，先把它们都倒空，并测量一下它们以多大的角度滑动。不管之后往茶杯或玻璃杯里放入什么东西，杯子底部的表面状态都是一样的，所以摩擦角也不会发生改变。

雷利勋爵的发现

使用托盘时，最让人费神的应该就是运送装有热茶的茶杯和盛有酱汤的碗了。本来就很滑的托盘，如果再放上容易晃动的液体，就更要格外小心翼翼。关于这个问题，英国物理学家雷利勋爵（本名约翰·威廉·斯特拉特）提出了一个有趣的观点，我来给大家讲讲。

雷利勋爵经常看到这样的场景：女佣把装有红茶的杯子放在茶托上端过来的时候，杯子滑动了一下，女佣慌忙地想把杯子扶稳，结果手中的茶托倾斜，红茶洒了出来。雷利勋爵注意到，如果红茶洒出来，弄湿了杯底，杯子就不容易滑动。为了解开这个谜团，他进行了测定摩擦角的实验。就像前面介绍的方法一样，他把杯子放在茶托上，一点点倾斜茶托，测量杯子滑动的角度。

结果表明，与杯子和茶托的接触表面干燥时相比，杯底有水的情况下摩擦角更大。也就是说，茶托被打湿后确实更不容易打滑。后来，研究人员也进行了同样的实验，结果显示，在杯子和茶托都干燥的状态下，摩擦角约为 10 度；用常温的水打湿后，摩擦角约为 22 度；而被热水浸湿后，摩擦角约为 28 度。干燥状态和被热水浸湿的状态，两者之间竟存在 18 度的差距。

打湿后更容易打滑，还是更不容易打滑？

　　为什么茶托湿了就不容易打滑了呢？这是个看似简单实则很难回答的问题。一般情况下，被水打湿的地板会变得很滑。想必很多人都有过这样的经

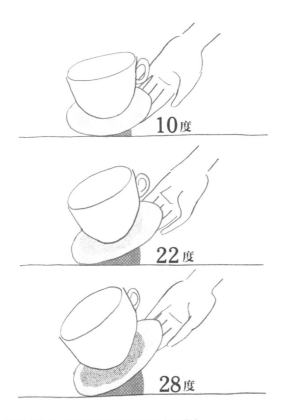

茶托被打湿后，比干燥状态下更不容易让杯子滑动

历：下雨天，穿着容易打滑的鞋子，一屁股摔倒在地。日常生活中体验到的摩擦大多是由物体表面的凹凸不平造成的。被水淋湿后，凹凸不平的表面会被水填满，液态的水比固态的地面更容易移动，摩擦力也会减少，因此就更容易滑倒。看来湿漉漉的浴室地板很容易让人滑倒，也情有可原了。

1918 年，雷利勋爵在一篇论文的开头写道，关于杯子和茶托一旦被弄湿就不容易滑动的现象，他最终还是不知道原因。真是个真挚的人啊。虽然论文是这样的开场白，但雷利勋爵还是给出了他的推测：杯底和茶托上都沾有油分可能是杯子打滑的原因。由于热红茶洒出来会把油分洗掉，所以杯子才不容易滑动。

从哈迪的发现到黏附理论的确立

这个推测没有错。继雷利勋爵之后，英国物理学家 W.B. 哈迪（W.B. Hardy）指出，杯底和茶托的表面覆盖着一层只有 1 个分子厚的极薄油膜（称为单分子膜），这层油膜可能具有减小摩擦力的效果。这是一个重大发现。分子非常小，大小只有一般固体表面凹凸的千分之一，也就是说，无论多么小的凹凸，都有分子的 1000 倍大。即使 1

个分子厚的极薄油膜覆盖在固体表面，凹凸不平的地方也不可能变得光滑。库仑的"凹凸啮合说"（→第 71 页）认为，物体表面的凹凸不平会引起摩擦，但这一学说无法解释湿茶托变得不易滑动的现象。

关于摩擦的原因还有另一种说法，即"黏附说"（→第 72 页），认为分子之间的吸引力让两个物体的表面相互吸引，使其难以移动。该理论认为，当同质的物质相互接触时，由于相同种类的分子相互吸引，摩擦就会变大。哈迪认为，由于杯子和茶托被油分覆盖，也就是说，两个物体之间存在不同种类的分子，杯子和茶托分子之间的相互作用力减弱，摩擦力减小。如果油分被洗掉，杯子和茶托的分子相互吸引的力会增大，摩擦力也会变大。哈迪的推测成为支持"黏附说"的有力依据之一，后来，"黏附说"终于通过实验得到了证实。

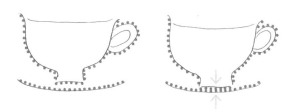

覆盖在杯子和茶托上的薄薄的油膜（黄线）被水冲掉后，杯子由于与茶托的分子（圆点）相互吸引，变得不易滑动

即使只是用手触摸餐具，餐具上也会沾上手的油分*。在英国，很多人洗碗时都是把碗泡进加了洗涤剂的热水里，之后再捞上来直接擦拭。在雷利勋爵的故事里，我个人推测可能是茶杯和茶托上残留了和油分一样的、可以让表面变光滑的洗涤剂。打湿后是更容易打滑，还是不容易打滑，这是个很难回答的问题。正如我反复说过的那样，产生摩擦的原因不止一个。摩擦越小，越能轻松地移动物体，但也有像茶托和托盘这样摩擦不大，会让人头疼的工具。工具里潜藏的物理问题，可不是用一般方法就能解决的。

（注*）做物理实验时，借了化学系的烧杯，因为只放了热水，没有弄脏，就想着把烧杯晾干以后直接放回架子上，结果实验助手对我说："只是拿着，烧杯上就沾到了手上的油分，我还是得去洗一下！"因为在化学实验中，油分会对实验使用的药品产生影响，所以要用洗涤剂彻底清洗并烘干才行。

沙子的摩擦角形成山的倾斜

在日本各地，有很多被称为"xx富士"的山。它们都是成层火山，是火山喷发后经过漫长岁月才形成"xx富士"的名称。为什么会有很多坡度和富士山相

这与形成山的沙子之间的摩擦角有关。将干沙子地把盆倾斜到让撒上的这层沙子开始滑动的角度，这就是测量完摩擦角后，请拿测量时用的沙子堆成沙丘试试沙子之间的摩擦角。即使堆出来超过摩擦角的角度，超也会滑下去，最终会形成坡度与摩擦角相同的沙丘。

由于颗粒大小和形状的不同，沙子之间的摩擦角从富士山山脚到山顶的坡度是28度。虽然各地"xx富及所含的水分有关，但我估计坡度大体都是27 ~ 29

不过，并非由火山喷发而形成的山，就不适用这

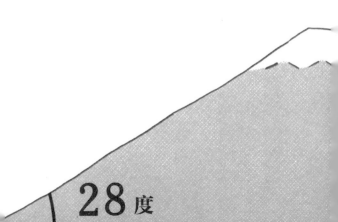

28 度

形状的山，因为和富士山的形状相似，所以才有了

山呢？

到盆底，再在上面撒上一层沙子，

间的摩擦角。

斜面的角度一定小于

角的沙子

7 ~ 29 度。

度与当地沙子和泥土的成分以

到在这种地方也隐藏着物理原理呢！

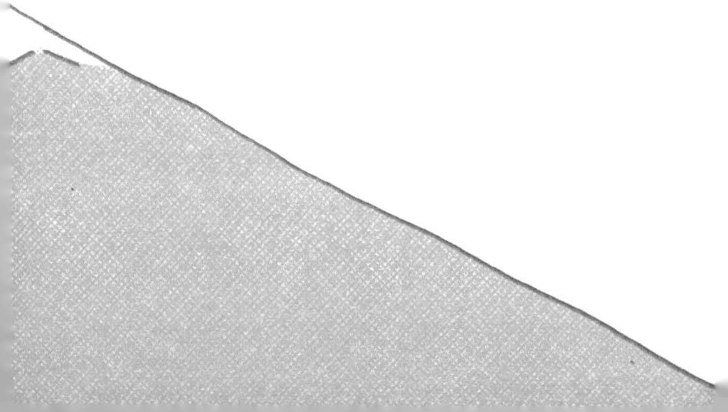

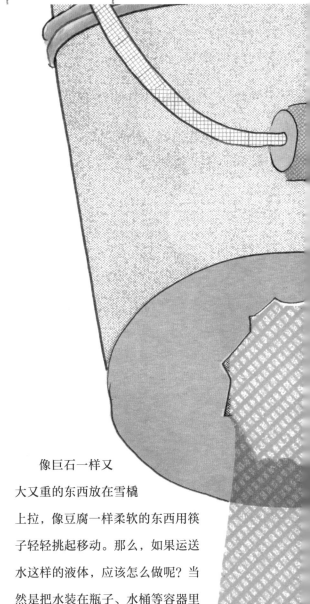

移液管 | 用没有底的容器

像巨石一样又大又重的东西放在雪橇上拉，像豆腐一样柔软的东西用筷子轻轻挑起移动。那么，如果运送水这样的液体，应该怎么做呢？当然是把水装在瓶子、水桶等容器里

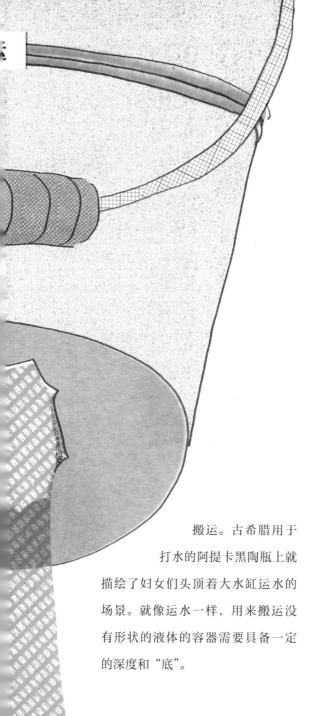

搬运。古希腊用于打水的阿提卡黑陶瓶上就描绘了妇女们头顶着大水缸运水的场景。就像运水一样,用来搬运没有形状的液体的容器需要具备一定的深度和"底"。

运送水的容器需要有底吗

在此，我们先想象一下，如果运送水的容器底部破了个洞，会发生什么？如果装水的水桶底部破了个洞，水就会受到重力作用下落，容器很快就空了。那么，如果容器底部有个洞，水就不能运输吗？事实并非如此。这就是本章要讲的内容。

有些东西即使底部有洞，也能很好地作为运输工具发挥作用，比如移液管。或许大家对"滴液吸移管"一词更熟悉。用于测量液体的实验室仪器通常被称为移液管，而用于吸取液体，有存储空气的凸起部分的工具通常被称为滴液吸移管。首先，让我们看看不会让吸上来的液体滴落的滴液吸移管的结构。

说到滴液吸移管，常见的有两种类型：一种由滴管和橡胶制的移液吸球两部分组成，另一种是含有空气的滴管头和管身一体成型的。这两种除了前端的孔，没有空气能出入。就算滴管的前端朝下，里面的液体也不会滴落下来，其秘密就在于"除了前端的孔都是封闭的"状态。

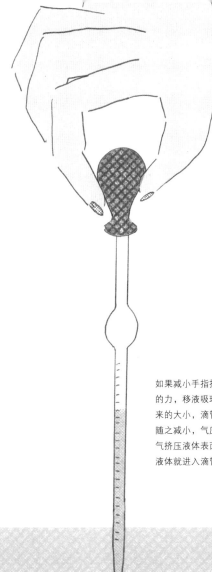

如果减小手指按压移液吸球的力，移液吸球就会恢复原来的大小，滴管内的气压也随之减小，气压高的外部空气挤压液体表面，被挤压的液体就进入滴管中

看不见力的平衡

我们的周围充满了空气，身边的物体都被大气压均匀地挤压着。滴液吸移管借助空气的力量，保证吸上来的液体不会滴落并被顺利地运送到目的地。从"利用大气压力"这一点来说，它和吸盘是一样的原理。

首先，用手指将鼓鼓的移液吸球压扁，将里面的空气排出去，然后在这种状态下将滴管头放入水中。减小手指的力后，移液吸球会重新鼓起来，恢复到原来的形状，但由于滴管除了前端的孔，没有能让空气出入的间隙，吸球里的气压减小，使滴管内外产生了气压差。由于滴管内部气压低，外部气压高，被大气压挤压的水从滴管的孔进入到滴管里。这时，即使直接将滴管放到空气中，吸上来的水也不会滴落。这是因为"力的平衡"让水处于静止的状态。

这是怎么回事呢？滴管中残留的空气的压力和重力将滴管内的水向下挤压。同时，大气为了进入气压较低的滴管，会从四面八方挤压滴管，所以在滴管前端附近会受到向上的大气压力。这种向下的力和向上的力相互制衡，让水能够不滴落下来，而

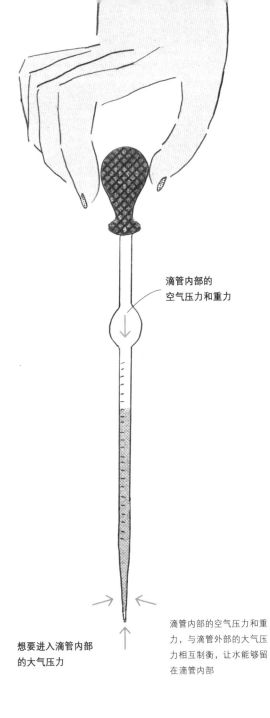

滴管内部的
空气压力和重力

想要进入滴管内部
的大气压力

滴管内部的空气压力和重
力，与滴管外部的大气压
力相互制衡，让水能够留
在滴管内部

是留在滴管里。看似逆着重力飘浮在空中的水，其实是由肉眼看不到的大气压支撑着的。用手指捏扁移液吸球，向下的力就会"获胜"，水被挤出滴管。

利用空气的力量运送和测量

很多人认为，滴液吸移管的构造关键在于内部有空气的吸球，其实不管有没有吸球，滴管都能完成工作，比如可以用管状的吸管代替滴管。

把吸管插在装满水的杯子里，然后用手指按住外面那头的孔并抬起。吸上来的水不会滴落，可以就这样被运送到任何地方。吸管中的水本应该会因为重力的作用而下落。但如果用手指用力按住吸管另一头的孔，就会形成和滴管一样"没有空气出入的状态"，使吸管内的气压一下子降低。这样，即使把吸管从水里拿出来，水也因为大气压力的作用而留在吸管内。

接下来，试着松开压着吸管的手指。空气从孔里进入的瞬间，吸管内部的气压变得和外部相同，从下方支撑着水的大气压的力量消失了，水就会因为重力的作用而下落。

如今，当需要精确测量时，人们会使用按钮调节的移液器，但在过去，最常见的移液器是没有凸起的吸管。使用这种移液器时，人们需要先把嘴放在吸管上方的孔上，将化学试剂吸入吸管，然后再用手指堵住上面的孔。之后尝试松开手指，一点一点让吸管中的液体流出，按照刻度倒出需要的分量。

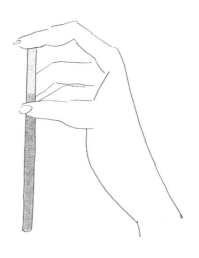

　　然而，这种方法存在误吞化学药品的风险。因此，在日本明治时期（1868—1912），为了预防霍乱，一种顶端鼓起名为"驹达移液管"的仪器在世界范围推广开来。如今，学校里最常使用的仍然是"驹达移液管"。

　　除了测量化学药品，用于品酒的滴酒器，以及将水滴入威士忌的威士忌滴管也都巧妙地利用了移液管的原理。与实验室里的移液器不同，这些移液管由玻璃制成，用手指捏的部分还装饰有天使、花朵等图案，十分精美。

　　只要灵活运用物理学原理，即使是一根吸管，也能变成"运送液体的工具"。无形、轻盈的空气运送着液体，想想就令人兴奋。

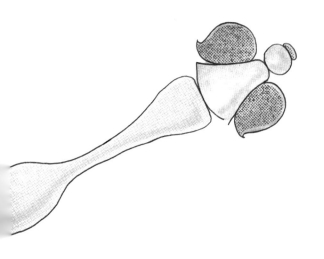

后记

现在，我面前有一个陶瓷餐具，是一个有浅绿色和银色花纹镶边的水果碗。差不多 40 年前，我在欧洲一家著名的陶瓷店里对它一见倾心，于是就买了回来。听起来好像很高大上似的，但实际上，它是我这种穷游的学生根本买不起的餐具套装里的一件。我记得当时我无论如何都想买，经过一番交涉，店主才勉强同意将它单独卖给我。因为只有一个，所以最初我用它来盛麦片，后来则把它装满水，放上花作为装饰，再后来我在里面装满百香花和弹珠放在飘窗上，之后又变成稀释颜料的水碗。如今，它正作为猫的食盘发挥作用。

猫食盘竟是价格有点贵的水果碗。也许这并不是它原本的用途，但以本书中的观点来看，这再正常不过。因为这个碗是瓷器，有硬度，所以具备支撑内部物体的阻力，还耐热，深底的形状使盛放的食物不易溢出。另外，质量很好，所以也不会轻易被打碎。从科学的角度来看，各种容器都具有相通的物理特征，在各种各样的用途背后，也都隐藏着相同的物理原理。

在本书中，除了"电风扇"和"端子"这两节，都没有特别提及需要使用支撑现代社会运转的电力的工具。这当然是有原因的。因为我认为要在有限的篇幅中谈论工具所蕴含的物理学原理，电并不是最基本的存在。

日本经典民间故事《竹取物语》的开头，提到竹取翁会将柔软、强韧、可变形的竹子"用于各种各样的用途"。在当时，竹子是一种非常有用的基本材料。而在现代，电力也发挥着巨大的作用。它通过导体传播，包裹着磁场，可以根据线圈等形状让工具运转起来，可以转化为电波、热、光等电磁波，也可以发生电解等化学变化。虽然电就像民间故事里的竹子一样，有各种各样的用途，但如果把使用电的工具拆解成最小的零件，就会发现其中存在着最基础的重力，以及基于自然界中的电磁力的基本物理定律。

本书的内容乍一看很传统，似乎与电器产业和IT 产业无关，但如果你想解开并解读隐藏在包括电器产品在内的所有工具中的物理现象，就必须先了解我们在这本书里告诉大家的基本物理知识。

书里提到的工具都是我们每天离不开的东西。它们可能因为太过贴近日常生活，所以总是不被人当回事。但我希望通过阅读这本书，大家能重新思考工具的可贵之处、人类的智慧以及物理。希望本书能帮助大家理解那些使用了多年的工具和喜爱之物，以及今后可能会出现在生活里的新工具。

最后，本书得以完成，还要感谢插画家大塚文香女士和设计师宫古美智代女士，她们用充满魅力的绘画和设计，为充满趣味的物理世界增添了色彩。当然，也离不开不厌其烦地与我们俩斗智斗勇的编辑平野莎莉雅女士。在此对她们深表谢意。

结城千代子

图书在版编目（CIP）数据

可爱的物理：日常用具原理之美 /（日）田中幸，
（日）结城千代子著；（日）大塚文香绘；马文赫译 .
福州：海峡书局，2025.1（2025.4 重印）.
-- ISBN 978-7-5567-1285-4

Ⅰ . O4-49；TS976.8-49

中国国家版本馆 CIP 数据核字第 2024608HJ0 号

DOUGU NO BUTSURI written by Miyuki Tanaka and Chiyoko Yuki,
illustrated by Ayaka Otsuka
Copyright © Miyuki Tanaka ／ Chiyoko Yuki 2023
Illustrations copyright © Ayaka Otsuka 2023
All rights reserved.
Original Japanese edition published by Raichosha, Tokyo.
This Simplified Chinese language edition is published by arrangement
with Raichosha, Tokyo in care of Tuttle-Mori Agency, Inc., Tokyo
Simplified Chinese edition copyright © 2025 by United Sky (Beijing) New
Media Co., Ltd.
All rights reserved.

著作权合同登记号：图字 13-2024-059 号

出 版 人	林 彬	
责任编辑	廖飞琴	俞晓佳
特约编辑	谭秀丽	
封面设计	梁健平	
美术编辑	梁健平	

可爱的物理

KEAI DE WULI

作　　者	（日）田中幸　结城千代子	
绘　　者	（日）大塚文香	
译　　者	马文赫	
出版发行	海峡书局	
地　　址	福州市白马中路15号海峡出版发行集团2楼	
邮　　编	300051	
印　　刷	北京雅图新世纪印刷科技有限公司	
开　　本	787mm×1092mm　1/32	
印　　张	8.5	
字　　数	137千字	
版　　次	2025年1月第1版	
印　　次	2025年4月第2次	
书　　号	ISBN 978-7-5567-1285-4	
定　　价	68.00元	

关注未读好书

客服咨询